大是文化

想賺更多，如何突顯你值這個價

高薪不是來自「我很會」，而是「被需要」，

怎麼打敗那些學經歷比你優秀的人？我幫你。

輔導超過2萬人順利升遷、前愛立信、華為中層管理者

焱公子——著

推薦序一　從職場新鮮人至創業者，都能突破職場困境／周博　007
推薦序二　專家的共通點：擁有工作控場的強大利器／宋怡慧　011
前　　言　想要更多，你得先證明你值這個價　015

第一章　高效溝通，別人覺得你好專業　019

01　主管不要你的解釋，他只要解答　020
02　匯報就是說事實？難怪老闆不喜歡你　026
03　年終報告怎麼寫？虎頭、豬肚、鳳尾　032
04　凡事多一圈，你就超越了九九％的人　039
05　你夠不夠專業，開口一分鐘對方就知道　046
06　厲害的人，從不問蠢問題　052

CONTENTS

07 被提拔時不要只會說感謝，這八個字才是要點 059

第二章 想賺更多，如何突顯自己值這個價？ 067

01 拿下一億訂單的，竟是全公司最內向的那個人 068

02 職場上懂「自來熟」的人，運氣都不差 073

03 如何體面拒絕，還不會得罪人？ 080

04 一爭吵就人身攻擊？你需要XYZ公式 087

05 不要問憑什麼，要問為什麼 094

06 厲害的員工，不怕善變的老闆 100

07 月薪五萬，每天無所事事，三個月後果斷辭職 106

08 一句口頭禪，暴露了你的職場弱勢 112

第三章

偉大不是管理別人，而是管理自己　117

01 為什麼高敏感的人容易成功？這是我聽過最好的答案　118
02 工作多年都沒晉升？這三種人應改變自己　125
03 人生沒有懷才不遇，只有眼高手低　132
04 這五種職場謊言，害你一輩子　138
05 跳槽是個技術活，從這四個角度思考　145
06 意志力不足？因為你沒找對誘因　153
07 你的拖延症，正在毀了你　158
08 每晚十一點前睡，是我做過最自律的事　164

CONTENTS

第四章 這個世界不會等你，有種努力叫靠自己 169
01 辛勤工作多年，辭職時老闆連頭都不抬 170
02 你想要的自由，是一件門檻很高的事 176
03 為什麼不務正業的人，正在備受青睞？ 181
04 越成熟的管理者，越注重過程管理 186
05 學會示弱後，我成了老闆最放心的人 193
06 老闆重用我，卻給別人升了職 199
07 持續成功者，從不相信捷徑 205
08 你越會取悅自己，越能掌控人生 211

推薦序一

從職場新鮮人至創業者，都能突破職場困境

連鎖文教事業共同創辦人、臺南市政府顧問、
周博的創業×行銷筆記粉專版主／周博

當我收到《想賺更多，如何突顯你值這個價》的書稿時，僅翻閱其中幾頁，我就深深的喜歡上這一本書，也利用創業工作與眾多行程的空檔，將這本大作迅速拜讀完畢。

我在二〇一三年創立第一個事業是補習教育，產品線從幼兒園到高中，時間橫跨十五年。目前有六家直營店、三十幾位同事。除了教育事業以外，也跨足其他領域耕耘。在書中有許多作者分享的故事及關於跨界的經歷，勾起我內心的共鳴。

我對作者所提到的四個部分，也就是本書讓我感到印象深刻的內容，有第一章的〈凡事多一圈，你就超越了九九％的人〉。這也是我平常在各領域的部門會議中，不斷跟幹部、店長、又或是各年齡層的老師們所傳達的中心理念，那就是「將心比心、換位思考」，這樣才能從消費者的角度出發，做出令消費者感動及滿意的服務。

再來是第二章的〈厲害的員工，不怕善變的老闆〉。作者提到三種思維，包括盡力做好

每一件事情，站在老闆的立場做更深一層的思考，老闆也會對你建立更深的信任，賦予你更多權力，這是所謂的「多一圈思維」；從比較客觀的角度切入，剖析事實，找出真正原因的「局外人思維」；以及透過適當的方式和老闆溝通，並進而取得老闆信任的「向上管理思維」。

這些思維我也常應用在和員工互動的基礎上，其實不僅員工，我覺得老闆也需要站在多一圈和局外人的思維換位思考，才能真正了解員工的需求與其內心真正的想法。

接著，第三章的〈意志力不足？因為你沒找對誘因〉裡面提到：「持續尋找積極誘因並摒棄消極誘因，才能不斷進化」。這句話其實和我自己平常的做法很像，我是一位高度自律的人，從臺大農經到嘉大行銷，一共取得了兩個碩士學位，再到身兼數職的創業歷程等。做任何事情，我都能找到可以和自己和平共處，也就是制約自己的方式。

最後是第四章的〈越成熟的管理者，越注重過程管理〉。會這麼有感，是因為我也是一位極度重視過程管理的管理者，不論是在服務產出、教育訓練等過程，仔細觀察與發掘問題，都能有助於掌握人員的執行狀況、專案任務的推展，以及修正微調再執行等重要程序，從多個面向建立起一整套的邏輯架構。

除了上述四個觀點以外，回顧整本書的內容，對我來說收穫很大。如果你是一名想在工作上努力突破，不斷挑戰自我的職場新鮮人，閱讀這本書後，絕對教會你如何深獲老闆的信任；如果你是一名中階管理者，你會知道如何站在第一線員工的立場思考，進而有效管理他們的訣竅；如果你是一名創業者，整本書對你而言都是精華重點，我相信絕對能幫助你的事業更上一層樓。

所以，誠摯推薦這本書給大家。

推薦序二

專家的共通點：擁有工作控場的強大利器

丹鳳高中圖書館主任、作家／宋怡慧

你願意花多少時間在工作，工作就會用同等的價值回饋你。剛聽到這句話，感覺很有道理，但，再仔細想想，邏輯上是不是有要調整的地方？有些人天天加班，卻被炒魷魚；有些人對上司唯命是從，最後升職名單卻沒有他。到底發生什麼事了？

其實，想要躍上成功的顛峰，就要找對方法！《想賺更多，如何突顯你值這個價》恰好是我們工作的試金石。作者透過自己豐富的工作歷練告訴讀者，即便每晚十一點前入睡，你還是可以解鎖更多工作之外的技能。

什麼？善變的老闆，是你變強大的助力？翻開歷史扉頁，地表最強的員工就是先秦的李斯。不只在自己快被炒魷魚的僵局上，用絕妙文筆與企業級談判術，寫成〈諫逐客書〉秒回秦王政，不僅不卑不亢的化解自己和老闆的心結與矛盾，也瞬間變身為職場紅人。這次，作者要教你比李斯更強悍的職場技法。

想要在職場上備受肯定、被看重，你要擁有哪些不能被取代的能力呢？走遍職場都適用的規矩，你懂嗎？作者憑藉豐富的職場經歷和多元視角，讓我們有策略的成為一位做事出色、與人為善、持續學習、不吝奉獻的職場人士。

同時，他也把職場躍遷的訣竅濃縮成「讓自己有價」的概念，讓你輕鬆找到專業與溝通的合框利器，學會高效溝通且達標的職場能力，並能善用時間，做好自我管理，讓時間減半，產值加倍。

其中，讓我最有感的是第二章「想賺更多，如何突顯自己值這個價」，裡面談及許多關於人際情商的訓練。當我們遇到挫折的時候，是站在自己的立場詢問：「對方憑什麼有資格贏過自己？」還是放開心胸反問自己：「為什麼會輸了？」

與其選擇躲在舒適圈抱怨，甚至在挫敗後，依戀過往僅存的尊嚴和榮耀故步自封，不如試圖改變自己的做法，精進自身學養，做好對上、對下皆有效的溝通，蒐集完整資料與情報，贏得重返職場的勝利榮光。

作者要我們在面對工作僵局時，多問自己幾次為什麼？為什麼有人能做得比我們好？為什麼有人總能順利與成功？為什麼對方可以輕鬆突破盲點重圍？一個優秀的成功者，不會因為別人比自己成功，就自暴自棄、心生怨懟，而是替失敗找到解決出路。同一件事重複做，就會成為專家；重複的事努力做，就會成為贏家。堅持就能讓你找到被看見的亮度，逐漸形成影響力。

同時，作者不斷替讀者爬梳職場的新思維——不務正業也是另一種極致的專業。每件事情你都想全力以赴、盡力做到最好時，即便是「玩」，也是能玩出專家等級。第四章「這個世界不會等你，有種努力叫靠自己」中提及許多概念，能很快的讓你刷新自己過往的紀錄，趕上優秀人才的步伐。

最後，作者要我們學會認輸的智慧，和舊職場說再見時，千萬不要留戀。我想若能跟著作者的腳步前進，好好運用超過三十條增進你工作價值的方法，晉升為職場一％的領跑者，應是指日可待的事。因為，你已找到一本人生與工作並重的優質指南書了。

前言
想要更多，你得先證明你值這個價

二〇一五年九月下旬，我從華為裸辭（**按：沒找到下一份工作就辭職**）並跨界創業，周圍充斥著各種聲音。當時，我已在通訊圈沉浮十年，在業界也算是個資深人士，得到的待遇不菲。許多人欽佩我的勇氣，更多人卻是不能理解我這「荒唐」的決定。

對我而言，我只是想嘗試一個全新的活法，讓生命翻開一頁新的篇章。我堅信，自己能成。這樣的篤定，源於我工作十年間，不斷突破自己所取得的成就及外界持續的正向反饋。

我在二〇〇五年本科（**按：相當於臺灣的大學**）畢業後，進入的第一家公司是瑞典企業愛立信（Ericsson），月薪四千元（**按：本書若無特別標注，皆為人民幣，依二〇二〇年十月五日當天公告為準，人民幣一元約等於新臺幣四．二元**）。

當時北京的消費還沒有那麼高，去掉日常開銷，我每月大概能攢下兩千元。但就算是這樣，我一年也只能攢兩萬多元，僅夠春節回一次老家、孝敬一下父母就沒了，真的太少了。

我請教帶我的師傅：「怎樣可以賺更多的錢？」我師傅隨手甩過來幾個任務，淡定的說：「那你得先證明你值這個價。」如何證明？我要怎麼做？我一頭懵，畢竟是初生牛犢。

我連續加了兩週的班，熬了幾個通宵，厚著臉皮向師傅和好幾個資深同事求助，終於，在截止日期前，我圓滿搞定了他額外安排的那幾件事。

師傅點點頭，對我另眼相看。我把過程詳細記錄下來，包括他們教我的、我自己觀察和學會的，寫進筆記本。在本子上，我記下了師傅那句話，因為我意識到那就是**混好職場最核心的邏輯：想賺更多錢，你得先證明你值這個價。**

在整個實習期間，包括接下來的數年內，我都一直在靠近牛人（按：中國網路用語，形容某人非常厲害，或者做了一般人意想不到的事情，表示驚訝、佩服），觀察牛人，甚至主動要求跟他們一起做專案。

比如，儘管我只是個技術員工，卻願意承擔部門的會議紀要、協助主管做新員工的英文面試、跟行銷一起為客戶做售前引導等工作。

這些本職工作以外的事，讓我真切感受到職場菁英們的行事有效，的確是有一套方法的，於是我試著揣摩、拆解、學習並加以運用，顯著加速了我的升職加薪之路。

我是新員工中第一個轉正的，到年底時，我獲得了優秀員工的稱號；第二年中旬，我的職位從助理顧問晉升為正式顧問；第三年，我被任命為TL（專案組長）開始帶領團隊，加上各項補助和獎金，每月實際收入超過一萬五千元。

三年的時間，我的收入上漲了三倍多，隨後的每一年，都有明顯的漲幅。工作第十年，我離職創業時，年收入在五十萬元左右。在這期間，我沒有一次主動提過加薪，都是主管為我加的。他們認為，我是值這個價的。

回顧過往的職場路，我認為一個人想要快速融入新環境，獲得成長與躍遷（飛躍發展），至少得讓自己具備以下四個核心能力：

第一，學習力。時代瞬息萬變，並非離開大學就可以不再學習，事實上，社會才是最好的大學。沒有旺盛的學習力，不懂得根據實際情況更新迭代（按：為了接近並到達所需的目標或結果，而重複回饋過程的活動）自己的知識庫，一定會很快碰壁。

第二，勝任力。判斷一個人該不該升職加薪，唯一的標準是勝任力，也就是你是否能夠清楚理解並勝任當前的職位需求。不折不扣的執行力和自我管理能力，是具備良好勝任力的前提。

第三，溝通力。酒香不怕巷子深的時代早已過去，做出了成績如何說？年終報告如何匯報？想讓其他同事配合如何協商？你夠不夠專業，有時候一開口就知道了。

第四，協作力。現代職場，面對複雜多變的內外部環境，一腔孤勇不再值得推崇，我們更倡導的是團隊合作精神。一個人是否善於與別人協作，其核心考究的是他的情商高低。

結合我自己在世界企業五百強裡的十年蛻變之路，我將這四種能力總結成高效溝通、人際情商、自我管理、認知迭代四大部分，即是本書的核心內容。

在這些能力上的刻意鍛鍊，讓我快速完成了收入的躍遷，避過了公司兩次大裁員，也積攢了充裕的創業資本和信心。這些，也是我如今得以順利跨界，持續精進的底層邏輯。

感謝你購買這本書，希望你能喜歡，並能真正在書中學到實戰技能，從而在職場、學習與生活中，更加得心應手。

最後，希望書中的小故事，能對你有所幫助，感恩你的喜歡。

第一章 高效溝通，別人覺得你好專業

級別越高的人越沒有時間聽詳細的解釋。高層想要的只是最終答案，結構化思維正是一種輸出極簡結果的高效思考模型。

01 主管不要你的解釋，他只要解答

前幾天碰到賈杰，當時他正在找工作，聊起離職原因，他滿臉憤怒的說：「我花了大量時間找資料、熬夜寫了好幾頁文案，各方面都考慮到了，老闆卻說文案過於冗長、抓不住重點。小張只交了一頁紙的文案，就得到認可。

「這已經不是第一次了，之前也多次出現這種情況。老闆總說我寫的文案抓不太到重點。問題是，我沒有功勞也有苦勞吧？我那麼努力，他都沒看到嗎？跟著這種老闆也沒意思，不幹了。」

在職場上，像賈杰這種情況其實常常能見到。比方說，報告要做PPT，你苦熬幾個晚上，做得圖文並茂。當開始報告，臺下卻沒有幾個人認真聽，有人開小差（按：泛指一般人私自離開工作崗位，打混摸魚），有人昏昏欲睡，老闆也滿臉不耐煩。

再比方說，完成專案要做總結陳述，你說不到十分鐘，老闆就開口：「不用唸了，我問幾個問題，你來回答吧。」最後，寫好的報告變成無用功，老闆還覺得沒有聽到他想要的訊息，指責你工作能力不強。

職場上，正確溝通的重要性遠遠超出我們的想像。

多數情況下，想要快速提升溝通力，需要花費大量時間學習和思考，才能慢慢形成自己的解決方法和技巧。但美國知名培訓師邁克・費廖洛（Mike Figliuolo）告訴我們，建立「結構化思維」可以讓你快速掌握、提升溝通力。他曾任職於世界知名諮詢公司麥肯錫，結構化思維正是來自於世界頂尖諮詢公司的高效工作法。

運用「結構化思維」，寫出老闆要的報告

有個黃金三十秒的電梯測試：某銷售員多次約見一位客戶經理，卻一直沒有進展。有一天，那位銷售員在機緣巧合下竟跟該經理同乘一部電梯，要如何在電梯升降的三十秒內，讓他對自己產生興趣？銷售員立刻在腦中思考，自己需要一個最簡潔又能打動對方的觀點。

最後，他把握住黃金三十秒，說了下列這句話：「〇〇〇您好，我是〇〇公司的〇〇〇。我們的〇〇產品，能幫助您在原有的業績上，提升一五%的銷售額，您若有興趣，我們可以詳談。」

儘管你的腦中有千萬種想說的話，但交付出一個極簡的思考結果，清晰、有力的表達給對方，才是有效的溝通。

費廖洛定律（按：簡體中文版《極簡思考》〔*The ELEGANT PITCH*〕作者——費廖洛自

創）中說，級別越高的人越沒有時間聽詳細的解釋。高層想要的只是最終答案，結構化思維正是輸出極簡結果的高效思考模型。

同樣一個方案，在應對不同職能訴求時，我們的常規方式是用數據得出結論。而結構化思維是根據科學的研究方法並進行簡化，它改變了我們固有的思維方式，讓你能快速抓住對方注意力。透過比較普通思維跟結構化思維得出極簡結果，能輕鬆對不同的溝通對象達到一樣效果。

普通思維從發現問題到解決問題，一般有五個步驟：

1. 發現問題並分類。
2. 設定具體課題。
3. 找出替代方案。
4. 評估替代方案。
5. 總結陳述，做出決策。

▼ 圖1　結構化思維的九個步驟

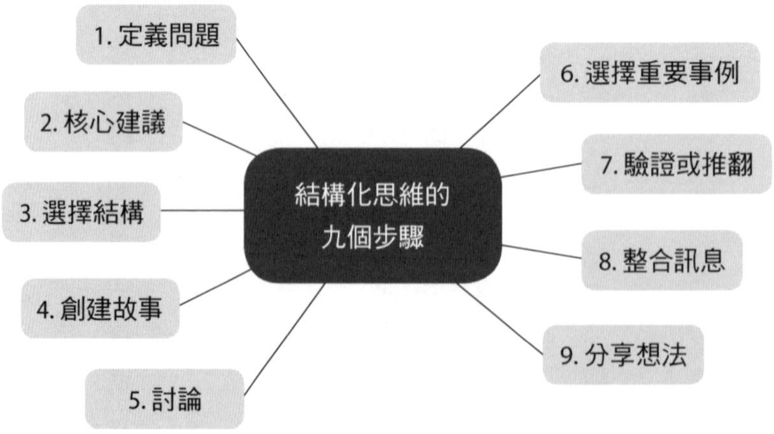

結構化思維分為九個步驟（參考圖一）。

我們在工作中不一定都會運用到這九個步驟，但掌握了這幾個步驟，便可融合運用。首先，我們要明白現代社會節奏越來越快，碎片化訊息越來越多，勢必對工作效率提出高要求。其次，溝通是雙向的，如果用書面交流，你的結構篇幅安排合理，寫得大而全也沒關係，對方看懂了會跳過，不懂會繼續看。

但在大多數情況下，雙方溝通是面對面、即時性、需要口頭轉述的，就不太可能存在「跳過」。那麼，就不能以準確表達自己為前提，而應該以「對方能接收多少訊息」為前提。所以，這就很容易解釋主管不關心你有多辛苦尋找數據、證據佐證，他只關心解決問題的辦法是什麼。

最後，職場溝通方式包括面談、語音訊息、電子郵件、備忘錄、報告、PPT等，取決於核心決策者的習慣和喜好。換言之，老闆愛看電子郵件，你再擅長做PPT也要遵從他的習慣。但諮詢師們透過調查研究，機率最高的溝通方式還是書面報告，有六五%的人選擇這種方式。

這也就意味著視覺效應在職場的重要性。所以，要想讓你的報告或文案通過，你得用對方聽懂的語言、方式、最關注的地方，去打動他、說服他。

按照費廖洛結構化思維的九個步驟思索，我們可以提取出以下六點來寫出一份完美報告，達到高效溝通。

1. 標題：將問題準確定義，取一個讓人一目了然的好標題。所謂的好標題，就是你的核心建議要清晰明白，有抓住目光的效果。

2. 提要：撰寫簡潔的內容提要，在一頁A4紙上展現你的整個方案。看內容提要，就能看出整份報告的邏輯。可以用背景介紹→形勢變化→核心建議這種寫法。

3. 結構：採用框架式報告主體，以假設為主，針對你想要表達的觀點進行分析，並佐以事實作為論據支撐。需要注意的是統一措辭，減少語言的歧義性；階層式，適合缺乏相關背景知識或是抵觸你建議的溝通對象；條列式，適合熟悉方案或是不需要你提供所有訊息的溝通對象。

4. 清單式風險和機遇：列出方案的風險可控性。

5. 條列式計畫：以條列的方式，列舉三至十個等代表性事件，具體說明行動內容和計畫時間。

6. 附錄：這是備用資料庫，用來應對做報告時遇到的細節問題。大多數情況下，不需要向溝通對象呈現。

整體說來，一份好的報告，既要洞察問題的本質，又能思考溝通對象的目標，進而提出一個直接明瞭的建議。根據實際情況利用結構化思維九個步驟思索做出的提案，說服力更強也更容易通過。應用在日常的職場工作溝通，觀點更容易讓他人接受和認可。

有句話說，**比你優秀的人不是比你更聰明，而是比你更會優化思維**。把結構化思維變成日常習慣，運用好這九個步驟，你就能快人一步，有效提升溝通力。

02 匯報就是說事實？難怪老闆不喜歡你

某天我去簽合約，正巧又看到老同事安妮在罵人。等那個滿面通紅的小姑娘轉身離開後，我笑著問安妮：「又是她？我幾次來都碰到妳在罵她，這好像已經是第三還是第四次了？」安妮直搖頭，說她太小白（按：中國網路用語，稱呼對某方面毫無了解的人）。她調出郵件給我看，我立刻就理解了她的無奈。

小姑娘用一週的時間做了線下調查研究，然後發給安妮了一封郵件。

安妮：

經過大量調查研究，我得到如下有價值訊息，現匯整給妳：

- ◯◯店，川菜口味的水煮魚很好吃，吃飯時有十多桌都點了。
- ◯◯店，偏粵式風格，連續三年獲得了美食聯盟的誠信商家獎。
- ◯◯店，特色菜有五種，口味都不行，不過餐後甜點有二十種，樣子很精緻。
- ◯◯店，服務員的服裝很有特色，有濃郁的泰國風，曾接受過地方電視臺的採訪。

安妮帶的這一組人，平時負責策劃、線下調查研究，寫特色文章。這次選題是餐廳打卡，介紹美食。安妮鬱悶的對我說：「你看傳來的這一堆，美食主題是什麼？食物風格？品相？還是食材？什麼分析都沒有，新人太不可靠了。」小姑娘要怎樣匯報，才能切中要點，讓主管滿意？

善用日本著名經營顧問的雲雨傘思維

現代職場中，蒐集一堆訊息、數據，不加分析就塞給老闆的現象常常出現。只給事實（訊息、數據、圖文），缺乏後續行為，讓事件無從著手，是職場新人最易踩的坑。

日本著名經營顧問大石哲之，採訪了多位曾在諮詢行業工作的諮詢師，在《靠譜》中文簡體版一書中提出了著名的「雲雨傘」思維模型：（事實）天空出現烏雲；（分析）眼看就要下雨；（行動）帶上傘比較好。

雲雨傘理論是對事實、分析和行動（建議）三者的比喻，以客觀事實為依據、以分析為思維輸出形式、以行動為最終的落腳點，構成了一個完整的思維。

雲代表「事實」，用眼睛實際觀察到的情況，任何人都能看得到天上有烏雲；快要下雨是「分析」，是從出現烏雲推測出來的。帶上傘是「行動」，是從就要下雨的這個分析中得出來的。

這聽起來很高深，但在我們的實際生活中，隨處可見。舉兩個例子：

例一、減肥的女生量體重看到體重增加，就會回想到罪惡來源是今天晚餐吃肉了，於是決定明天晚上絕對不吃肉！再想想，算了，明天連晚飯也別吃了。

套用雲雨傘思維，體重增加是事實；思索熱量來源於晚餐吃的肉是對事實的分析；明天不吃晚餐是採取的行動。

例二、冬天，孩子要穿紗裙。（事實）媽媽跟孩子說：「穿紗裙的話妳會凍到感冒，之後要吃藥打針，可難受了。」（分析）孩子說：「那我穿上毛衣毛褲，然後在外面套上紗裙，這樣就不會感冒生病了。」（行動）

由上述兩個例子可得知，安妮的組員小姑娘只是擺出事實（訊息），沒有做出分析，更沒有行動建議，所以，任務毫無達成度。

生活中，我們慣於用雲雨傘思考，但在工作中，我們又常常會遺忘掉這個思維模型，於是就會形成匯報的漏洞。要怎樣才能有效運用雲雨傘思維，並阻截漏洞，為職場添加助力？

三個常見的匯報漏洞

1. 只提交「烏雲」。

這是職場新人最常犯的錯誤，如前文中的小姑娘。她的郵件只給出一些貌似相關的數據和報導（〇〇店連續三年獲得美食聯盟的誠信商家獎），又或是從調查的事件中提出了一些觀點（特色菜有五種，口味都不行），就草草當作報告上交了。

為什麼能拿到誠信商家獎？五種特色菜有哪些？口味不行，是指哪些方面？過鹹、過辣，還是過於清淡？是食材不行還是烹飪技法不行？評判不行的標準為何？調查研究的最後，這一期美食專欄要寫什麼主題等，匯報缺乏分析和結論，數據再多、圖表再花俏，對解決問題毫無裨益。被主管批評，甚至被駁回重做的可能性自然就非常高。

2. 依據太簡單。

這個常見錯誤最核心的地方，在於僅簡單參照依據就做出了評判。假設出現烏雲，說明要下雨，立刻就得出要帶傘的結論。但並沒有仔細想過，即使是快要下雨了，能採取的行動卻不只一個。例如，可以根據工作的需要推遲行程、等雨停了再出發、可以取消出行，改日再辦等。

烏雲只是一個參考因素，還應關注事情的緊急程度和下雨的時間長短等。在職場上，這是很重要的一點，即**你要帶著多種行動方案給主管做選擇題，而不是讓主管做問答題**。

3. 混淆意見和事實。

我曾經帶領學員匯總、拆解過閱讀量超過十萬的爆文，有一個學員的訊息反饋就是典型的「匯報黑洞」。他匯總了不少文章，卻均無出處。在拆解後，他往往會帶一句評價。例如，評價一：這篇很雞湯，讓人感覺膩，但現代人就是喜歡喝。評價二：標題能突出數字與反差。評價三：作者細緻的感受能給讀者代入感。

我問他，這些文章涉及多個網路平臺，訊息來源分別是哪裡？這些評價是平臺做出的分析，還是讀者或作者的分析？哪些是你自己的分析？如果沒有做細緻調查研究，不能分清意見和事實，寫下這些結論就沒有意義。因為，很有可能你的思考，只是別人思考結論的延續。換句話說，即你有沒有自己獨立的思考。

這一點，在職場上至為重要。真正的職場高手，都是基於事實，透過現象看本質，深入思索，得到屬於自己的結論。

在了解了匯報上的漏洞後，想要阻截錯誤、妙用雲雨傘思維理論，有一個祕訣——列標題。匯報時，不管是口頭敘述或是寫文章，都將內容分成三部分，並為每份內容添加一個標題。這樣，你就能收獲一個清晰的腦圖。

標題一：事實、現狀。

標題二：我的解釋分析。

標題三：推薦的行動方案。

當列好了標題，你的大腦就能快速搭建思考結構網。所有查找到的訊息就有了落腳點，能相應放置進腦袋裡的小抽屜。

後續若有要增加、刪改甚至拆分的資料，不管是事實素材還是個人想法，都可以分門別類，進行歸整。

荀子說：「不積跬步，無以致千里；不積小流，無以成江海。」做什麼事都要先掌握基礎，才能進一步做好。雲雨傘思維理論就是一個簡單實用的基礎模型，如果長期堅持做，你就離高手不遠了。

03 年終報告怎麼寫？虎頭、豬肚、鳳尾

有一天，表弟向我要年終工作報告的模板。他特別強調，老闆說如果寫得不好、不到位，年終獎金可能被減半。我問他：「工作到職才一年，你怎麼這樣排斥寫總結報告？」表弟愁眉苦臉又不無抱怨：「那可不！年底本來就忙，破公司還特別搞形式主義，說一定要寫，又要寫得漂亮！你說一份破報告，千篇一律，還能寫出什麼花樣來？老闆可能就是想變相扣我錢！」

我搖頭，笑著說：「你的思想有問題啊，這可不是形式主義。」你以為年終報告是為老闆而寫？公司和部門這麼多人，老闆平時哪能個個都注意到？年終總結報告是一次極好的個人展示，為何不好好把握機會？

一份令老闆眼睛一亮的年終報告，不在模板也不在於版面設計有多好看，而是你如何在有限的篇幅裡，最大化突顯自己的工作亮點。

我們借用故事思維，來聊聊一份好的年終報告，應該長什麼樣子。

立意：為什麼要寫年終報告

一個故事是否好看，不光在於人物生動、情節跌宕，更主要的是立意深遠。比如，《射雕英雄傳》之所以激盪人心，絕不僅僅是郭靖與黃蓉的戀情描摹，或華山論劍的武技爭雄，更多的是俠之大者、為國為民的民族大義和與外族誓死抗爭到底的家國情懷。

一份優秀的年終報告，同樣遵循立意為先這一規律。下筆之前，我們必須釐清為什麼要寫且必須得寫好？

1. 從個人角度，這是一次對自己極好的覆盤。

中國聯想集團創辦人柳傳志曾說過，每打一次仗，就針對性的進行覆盤，弄清楚仗是怎麼打的、勝在哪裡，敗在哪裡。透過多次這樣的覆盤，水平自然就提高了。

覆盤是一種能力，它能解決蘇格拉底的著名命題——認識你自己。

2. 從專業人角度，這是一次向老闆展示的絕佳機會。

過去的一年，你做出過哪些亮眼成績，為公司帶來多少貢獻？這些難道不是你來年要求加薪升職最大的籌碼？所以，年終報告的核心立意是認識你自己，也讓老闆進一步認識你。

顯然，這句話的前半句比後半句重要得多。

結構：好看的年終報告長什麼樣子

一篇故事要始終抓住讀者，勾著他們讓他們從頭看到尾還欲罷不能，首先要做到的一點，叫「文似看山不喜平」（按：出自清代袁枚《隨園詩話》）。在訊息爆炸的新媒體時代，讀者的耐心普遍差。如果開頭平淡無奇，哪怕後面精彩萬分，或許都再也沒機會讓人看到。

老闆，會是一家公司裡耐心最差的讀者，如果你不能在開頭吸引他，那後續也難再抓得住他。從故事思維出發，**一份好的年終報告，應該符合開篇虎頭＋正文豬肚＋結束鳳尾，這樣的三段結構**。

1. 開篇虎頭：直奔主題，簡潔歸納核心關鍵點。

我們不妨比對以下兩種年終報告的開篇。

第一種：

我今天匯報內容主要分四部分，第一部分為整體概要；第二部分為主要工作成績；第三部分為存在不足；第四部分為總結。下面我先開始第一部分……。

第二種：

我今天的匯報將圍繞三個數字展開：銷售額增長三〇%；客戶滿意度提升二%；執行成本降低二五%。這三個數字，就是我今年主要的工作結果。

相較於第一種的平鋪直敘，第二種直接跳過可有可無的鋪陳，將敘述重點完全放在具體結果上。既節省了老闆的時間，也更能於第一時間激發老闆的興趣。

2. 正文豬肚：有理有據，詳略得當，闡述開篇結果。

正文書寫部分非常關鍵，不僅考驗你的邏輯條理、概括歸納能力，更重要的是，它將全方位展現你的思維模式及是否具有團隊合作意識。

銷售額提升三〇%，執行成本還降低了二五%，怎麼做到的？過程中克服了什麼困難，翻盤或攻克的關鍵節點事件是什麼？

主要是你個人的功勞，還是團隊也發揮了極大作用？在你匯報過程中，你以為老闆聽得漫不經心，事實上，如上訊息，他早已了然於胸。

3. 結束鳳尾：用心扣題，延展訊息推升報告層次。

即便全年均表現優異，成績可圈可點，也一定要適當總結不足之處，這叫留下進步空間，也能讓老闆看到你敢於正視自身問題並沒有居功自傲。

又或者，有哪些成功經驗、失敗教訓，是可以拿出來移植到其他專案，做成工具或攻略供其他同事參考，以加快效率或避免踏坑的？

不妨用心總結，一定能讓老闆眼前一亮。若做到這一步，你已不僅僅局限於匯報工作本身，而是抽離出來站在更高維度，總結通用規律。放到故事思維裡，這叫升華主題。

原則：令老闆信服的年終報告，遵循三大原則

一份好看又令老闆信服的年終報告，如果說結構是撐起全篇的骨架，原則就是指明了方向和基線。

1. 簡約說主要的。

從工作分工出發，你負責幹活，老闆要結果。這注定了一個注重細節，一個只看全局。太瑣碎的細節，尤其是技術細節根本沒必要呈現，既拖節奏又混淆重點，影響老闆的耐心。面對老闆，隨時要把節省他的時間放在首位。簡約點說「主要的」，是第一原則。

2. 客觀說事實。

很多新人在匯報工作時，最容易犯的一個錯誤，就是把主觀感受當作工作陳述：

・我覺得這事交給我，也可以做好……。
・我感覺客戶對我印象挺好的……。
・我認為〇〇〇的工作效率低拖了我後腿……。

這是在表達主觀感受。

・完成了三個項目……。
・收回款項兩千萬……。
・收到了三封客戶感謝信……。

這叫做陳述事實。

但這些事情，不管是否的確如此，在老闆面前都輪不到你來評判。匯報中，區分事實與感受，其實很簡單。事實，大多可量化，且加不了「我覺得」、「我認為」和「我感覺」等詞彙；感受則相反。

3. 大方說同事。

這裡的「說」，是正面的說。今時今日，早已不是單打獨鬥的年代，我們更加強調並需要的是團隊作戰。儘管是你自己的工作匯報，但適度展現同事的積極配合及給予你的關鍵性幫助，一定能令老闆更信服你的工作表現，且對你的團隊精神留下深刻印象。這是一個必得的加分項。

綜合以上，我們看到儘管文體類型截然不同，但故事與年終報告其實有很多共通之處。要寫好它們，我們需要具備用戶思維（立意）：我為誰而寫；布局思維（結構）：怎麼編排結構，才能始終抓住受眾；利他思維（原則）：始終站在受眾角度考慮問題，他們才可能真正喜歡。

我們會發現，掌握了如上的底層思維，你一定可以如法炮製出一篇還不錯的文章。不論是寫故事、年終報告還是寫其他類型的文章，這並不是天賦問題，這只關乎角度與行動。

事實上，這世上的許多事，都遠未到需要拚天賦的時候。寫文如是，做人亦如是。

04 凡事多一圈，你就超越了九九%的人

我和老李在同一個創業群組。前幾天，他在群組發了張對話紀錄的截圖，是一位女孩應徵他的公司，被拒絕後的吐槽。老李苦笑著跟我們述說事情原委。公司招募助理，來了不少面試者。老李出了一道題：半小時內，成功借一臺筆記型電腦上來，算面試通過。

老李表示出題原意是想測試應徵者的應變、溝通能力及親和力。他還專程提示了一句：我們樓下有很多家公司。

另外兩位徵聘者很快順利借到電腦，唯有這位女孩在時間快到時，氣喘吁吁的打電話來，說要延長時間。老李覺得奇怪，但還是同意了。又過二十多分鐘，女孩回來了，額頭上全是汗珠，像是一路跑回來的，手裡抱著一臺筆電。

老李問：「電腦哪來的？」姑娘微微遲疑：「我表姊的，她住得不算太遠。」老李說：「其實某一個瞬間，心頭有過一絲惻隱。這女孩雖然不敢下樓借，但也算夠執著，做事也算有執行力，終歸是把電腦借來了。

「只是，我要的是電腦嗎？我要的是一個能夠領會意圖，靈活高效解決問題的助理！商

業戰場上，有時耽誤二十多分鐘，事情可能就搞砸了。這種死腦筋的女孩，誰敢要啊？」

一直以來，我們都知道在職場上，如何說、說什麼，非常重要。同樣重要的，還有如何傾聽。尤其是能聽懂老闆說的話，正確辦好事情，這樣的有效傾聽，早已是職場人士的必備技能。

多一圈和少一圈的積累，體現在你和同事的差異

有個經典的職場故事：

張三和李四同時進公司也領相同的薪水，一段時間後，張三升職加薪，李四沒變化。李四問老闆為何厚此薄彼？老闆說：「你現在到市集看看，今天有賣馬鈴薯的攤販嗎？」李四去了一趟市集，回來匯報：「有一個農民拉了一車馬鈴薯在賣。」老闆接著問：「有多少？」李四被問一個不知所措，又跑回市集，回來後說：「四十袋。」老闆再問：「多少錢？」李四很委屈的說：「您又沒有叫我問價錢。」

這次，老闆把張三叫來，也叫他去市集看有沒有賣馬鈴薯的。張三很快從市集上回來，他向老闆匯報：「今天只有一個農民在賣馬鈴薯，有四十袋，一斤〇・二五元。品質還不錯，價格也便宜，我帶了一個回來，您看看需不需要？」

張三邊說邊拿出馬鈴薯：「我想這麼便宜的馬鈴薯一定可以賺錢，根據我們以往的銷量，四十袋馬鈴薯在一週左右就可以賣掉。我們如果全買下，還可以優惠。所以，我把那位農民也帶來了，他現在在外面等您回話。」

著名管理學家馬歇爾・多普頓曾提出「多一圈定律」。他發現德國人做汽車擰螺絲時，會比規定的標準多擰一圈；而法國人出於浪漫不羈的天性，往往會少擰一圈。擰螺絲是細小的生產環節，多擰一圈和少擰一圈的不斷積累，最終就體現為汽車質量的差異了。

多一圈定律說出了優異的成績大多從一個微不足道的開始。職場中，人與人的差距也往往就在多一圈和少一圈。多一圈，效果可能就大不同。**盡職責完成自己的工作，最多算是稱職的員工。要想取得突出成就，你必須比那些人多努一把力，再多一圈，做比自己分內的工作再多一點點，比別人期待的更多一點點。**

聽完任務做事情，總能想深一層，做細一點，妥帖周全。身具這種品質，你一定能贏得機遇，獲得快速成長。

但事物皆有兩面性，皆怕過猶不及。不懂體會主管心意，只知無腦執行的員工不讓人省心；太懂領導意圖，彷若肚子裡蛔蟲的員工，更不讓人省心。

歷史上著名的例子，當屬三國時期的楊修，他屢屢洋洋得意的表現出自己對曹操心意的精準揣摩。當他再次從一根雞肋看出曹操的退兵意圖，並毫無顧忌的告訴夏侯惇時，曹操忍無可忍將楊修殺死。他這種找死的行為，就叫做過度領會。

混跡職場多年，我見過不少天資聰穎但「自以為是」的楊修。何靜是名校法語專業的高材生，畢業後進入一家外企工作，她能力突出，深得主管器重。由於年輕，職場發展又過於順利，何靜心高氣傲，無形中總把自己當成二把手（按：相當於一個單位中，地位居第二的領導者）。

在跟法國一家製茶的公司談合約時，因為老闆只懂英語，客戶冒出一大堆的法語專業詞語，只能靠何靜翻譯，何靜的表現欲上升到了頂點。

她覺得自己已經深刻領會老闆的意思，就是要讓交易儘早達成。於是，在轉述雙方意思時「加油添醋」，擅自報低了加工費，承諾若干技術問題可以自行解決。

客戶回國後，發來訂貨合約。老闆看了大怒，許多公司做不到的條款，被何靜擅加承諾後列入合約，如果單方毀約會招來索賠。

經過反覆磋商和解釋，公司最終象徵性賠了一萬元，何靜隨即被辭退。

法蘭西斯・培根（Francis Bacon）說，有許多世故又會揣摩他人脾氣性格的人，並不是真正有學問的人。這種人所擅長的是陰謀而不是研究。這種揣摩到了最後，只會把自己的前途也一併賠進去。

身處職場，要清楚認識自己的位置，再開明的老闆，其包容心也是以公司利益為底線的，不要擅作主張，要永遠把做決定的權力留給老闆。

能領會老闆意圖是好事，但將之引為談資當眾炫耀，甚至擅自搞小動作，那就徹底本末倒置了。

聽得懂弦外之音，是多做換位思考

我的朋友大熊在知乎（按：中國社會化問答網站，類似於臺灣的奇摩知識+）寫過一個故事：

主管帶著新人小A和小C，到咖啡廳去見一個女客戶。雙方相談甚歡的時候，主管從錢包掏出五元，叫他們出去買包菸。走出咖啡廳，小C說自己肚子痛，要小A自己去買，他要先上廁所。

小A拿著錢到了賣菸的地方，這五元能買什麼好菸？小A想：「主管平時又不抽菸，這回該不是要考驗我的辦事能力吧？那不能給主管丟面子。」於是小A墊了幾十元買好了菸，見小C還沒回來，就自己拿著菸進去，遞給了主管。主管看了他一眼，有點驚訝。接過菸後，繼續跟客戶交談。

回公司後，人事部找小A談，說他不合適做銷售，試用期都還沒過就請他離開公司。小A愣住了，心想，他沒犯錯還墊了錢，為什麼被辭退的是自己不是小C？小A很委屈的找大態聊，職場老油條的大熊問了他幾個問題：

1. 主管缺錢嗎？要買東西只給五元？
2. 平時不抽菸，為什麼當時要叫你們出去買？
3. 咖啡廳裡面，客戶是女士，客戶一直沒抽菸，主管抽菸合適嗎？
4. 小C叫你一個人去買，他自己為什麼溜了？

小A這才恍然大悟。主管不是缺錢，也不是想抽菸。他的真正意圖，是想把他們支開，但當著客戶的面，又不好意思直接說。主管當時肯定是想和客戶談一些不希望小A和小C知道的事情。他後來又直接進去，主管怎麼談？

職場上，聽懂弦外之音，是一門需要修煉的技能。事實上，聽懂弦外之音，根本用不著什麼天賦。買馬鈴薯的張三能令老闆省心，敢放心把事情託付給他做，無非是他善於站在老闆的角度換位思考，而李四僅僅把自己當作一個單純的執行者，從沒有過「老闆思維」。

心理學上有換位思考定律。即站在對方的立場上理解對方的想法、感受，從對方的立場來看事情，以對方的心境來思考問題。

比如，老闆要你去參加一個高端展會，是真想聽你回來說模特兒多好看，免費茶點多好吃？如果你是老闆，一定是希望員工回來說，有多少企業參加、都是哪些行業，哪些有對接合作的可能性。

又或是休假時老闆親自打電話，說臨時需要你一起幫忙拿個主意。你要換位想一想，你是老闆，你這樣說是為什麼？當然是內心期望員工盡快返回工作崗位共同解決問題，以後再休也不遲。

再舉個例，你一直埋頭加班，老闆突然對你說，有什麼困難儘管說。換位想想，為什麼老闆會這樣說？或許老闆的想法是：「你這小子多久沒報告進度了，我心裡沒底啊，是不是該溝通一下了？」

每個入職正規公司的員工，都會拿到相應的JD（job description，工作說明書或稱為工作描述），明確界定了你的工作崗位及需要承擔的職責。但僅是做好JD的人，永遠只能打及格；能換位思考，替主管分憂的人，才會是優秀。

微軟創辦人之一的比爾・蓋茲（Bill Gates）說，一間公司想發展迅速，得力於聘用好的人才，尤其是需要聰明的人才。什麼是聰明的人才？凡事想深一層，多邁一步，正確領會意圖，聽懂老闆的弦外之音，好好幹活、專注成長，就是聰明人。

05 你夠不夠專業，開口一分鐘對方就知道

某月，我去跟一個老企業家談傳記合作，時間約在下午兩點，我一點五十五分到。對方助理來迎接我時說：「老闆還在開會，不過等我們上到三十樓，應該就開完了。」

我客氣的回：「沒開完也沒關係，我等一會兒就是了。」助理抬腕看看錶，很篤定：「三分鐘內，一定結束。我們老闆從不讓任何一個客人等。」

出了電梯，將近六十歲的老人家已站在辦公室門口。他微笑對我說：「很準時啊，年輕人。」進了辦公室，我將心智圖和大綱草案遞過去，開始逐步闡述。剛講到三分之一的部分，他就做了一個暫停的手勢。

他指著心智圖上方的紅字問：「小伙子，這個預計闡述時間二十五分鐘，是寫給我看的。每部分的闡述時間，你心裡有預設嗎？」我點點頭回答：「是的。第一部分介紹傳記選題方向，我預計用六分鐘來說；第二部分介紹各章節內容，我預計用十分鐘來說……。」

他微笑著聽完我的預設，然後輕輕敲了敲桌子：「好，簽約吧。」整個過程順利得讓我出乎意料。臨走前，他笑著拍了拍我的肩膀：「年輕人，時間卡點（按：知道在正確的時間

做該做的事）做得很好，全程沒有一句多餘的廢話，我喜歡，合作愉快。」簽了約，我很高興，但更高興的，是卡點得到表揚。

九九%的精準時間，都源於事前的深思與做足功課。我在見老人家之前，花了數日竭盡所能尋找他的創業資料。之後分別對幾個版本的大綱，做了時間分配的闡述演練。做到卡點，高效溝通，是對彼此時間的最大尊重。我想，這應是老人家願意跟我簽約的重要原因。

考慮雙方立場的溝通，往往更容易獲得機會

前幾天有個哥們加我同事微信，備注名是「商務合作」。透過好友邀請後，那哥們連續發來五條五十多秒的語音訊息。同事和我當時在外面，回他說現在不方便聽。對方倒是立刻傳來訊息：「那你方便時聽。我公司很有實力，也很有誠意跟你合作。」

等我們辦完事，同事掏出手機，驚訝又苦笑的舉起給我看：「兩大屏的小紅點（系統訊息提醒）！」

老兄啊，我們不清楚你公司實力到底怎樣，但我們理解的誠意，絕不是只顧自己方便，完全不考慮對方狀況與時間成本。像這樣不懂換位思考，只站自己角度進行交流的人，我相信我們大部分人都遇到過。

最讓人無力吐槽的，應該算是群發私信；「朋友圈第一條幫點個讚哦。」那些人不僅群

發，有時還會刻意加一句：「幾秒鐘就好哦。」你若不點開，會遭埋怨：「就幾秒鐘，順手的事你都不肯幫忙嗎？」

對，不肯！朋友嘉婕說：「你能不顧我的感受就草率請求，我就能直言不諱的拒絕請求。」若要我點讚，更專業化的做法，難道不應該是精心經營朋友圈引導語，引發讀者共鳴，讓大家發自內心點讚嗎？

嘉婕有個閨蜜，是兩個孩子的媽。大家都很願意給她的「第一條」點讚。因為她的引導語每次都寫得很有意思。例如想得到一張早教課程（按：指從出生到小學以前階段的教育或學習）的優惠券，她會寫：

小寶今天在早期教育教室裡，對著一個漂亮小姐姐目不轉睛！看來我家老二是想越過他哥，先找到女朋友了。叔叔、阿姨、哥哥、姐姐，求點個讚。一百二十八個讚幫我們小寶領一堂早教課程，撩小姐姐（哦不，是坐同桌）。

只顧利己，草率開口，只會令人反感甚至被拉黑，而暴露出的則是對人的不尊重與做事的不專業。**多從雙方角度考慮，是合作的基礎。你言語中對別人足夠尊重，才可能贏得對等的尊重。**

專業化溝通，從一分鐘原則開始

從前在大公司上班，我們要遵循「一分鐘」原則，也就是在開口的一分鐘內，必須闡明清楚想表達的核心內容。尤其是跟主管匯報工作，無論是透過郵件、微信還是PPT，都一定是依循這個原則。

郵件匯報，得是「總—分」結構，結論必須前置在第一段；微信匯報，一屏之內，必須要包含全部關鍵訊息；PPT匯報，封面後的次頁，必須是提綱挈領的整體內容概要。

主管通常很忙，身為部屬，你需要在盡量短的時間內，告訴他事件的整體情況及可能需要推動的類項。至於後續詳情，他若有時間、有心情，可選擇繼續往下看。即便不看，也絲毫不影響他對你工作進度的了解與掌握。

我以前的主管深得老闆器重，最重要的一點便是溝通效率奇高。任何複雜工作他都能在一分鐘內精簡匯報完，且條理清晰、邏輯分明。

他教我們：「老闆事多，怎麼會願意浪費時間聽你通篇廢話？先別說一分鐘匯報做不到，事前的刻意練習你做過嗎？做過多少次？」

富蘭克林（Benjamin Franklin）在總結自己成功的十三條經驗時，將慎言列在了第二位。慎言，只講對人對己有益之言，不說無聊瑣碎的話。

談工作不是日常聊天，不著邊際侃大山式（按：中國地方方言詞彙，意指長時間沒完沒了的說一些瑣碎、不恰當或無效的話）的交流，不僅折損合作雙方的時間，也暴露了說話者的溝通能力與專業素養。

你夠不夠專業，一開口就知道了！

作為普通人，我們要如何才能抓住受眾，一開口就打動人心？二〇一六年，某個人突發奇想做了個要採訪一百個牛人的決定。很多人都覺得他異想天開，認為：「你誰呀，牛人都很忙，憑什麼接受你採訪？」

最開始時，他的採訪成功率的確只有二〇％，但這個比例很快提升一半，後來能聯繫上八〇％的牛人，都願意接受他的採訪。最終，他順利完成了既定目標。他告訴我，他沒有話術也沒有技巧，無非做到了兩個詞：真誠、利他。

他在採訪一個人前，一定會先貼近那個人，讀他寫的書、進入他的圈子、積極參與互動，建立初始鏈接。比如採訪中國作家霧滿攔江，他天天跑到霧滿攔江的公眾帳號留言、打賞、持續表達想採訪的意願，終於成功讓對方注意到了他的存在，並最終被他的真誠與堅持所打動。

在採訪中國知名生涯導師趙昂時，他說的第一句話是：「我這幾天讀了您的書《在人生拐角處》。我覺得您的書寫得很好，我希望能幫您推推書，冒死一薦。」趙昂後來感慨，這樣的人在職場上不會吃虧，因為他們總想著別人。開放和利他的心態，一定會贏來更多的支持。別人喜歡他，願意和他合作。

兩年後的今天，這個人的微信公眾帳號矩陣（兩個以上的微信公眾號），讀者已超過一百萬，做一場直播聽眾超過十一萬人。他以自身的真誠和利他精神，幫助成千上萬的學員樹立了他們自己的個人品牌。

他就是近兩年逆襲成功的典範——剽悍一隻貓。我們都叫他貓叔。回溯貓叔的逆襲之路，他如何做到一開口就打動那些牛人的心？除了他自己說的真誠、利他，當然還有——死磕（按：不達到目的、不分出勝負不善罷干休）。

貓叔曾投入好幾萬買書、報名課程、參加各種社群。他在卡裡只有九千多元的時候，花五千元報班學習；為了提升演講能力，在兩個月時間內，他錄了一千多個影片；他的屋子裡堆滿了書，就連床的一半空間，也給了書；最窮的時候，銀行餘額只剩一百八十三．〇八元，但他還是堅持學、堅持寫、堅持見牛人。死磕自己，時時利他，是一個職場人士最好的品性與真誠。

06 厲害的人，從不問蠢問題

著名主持人陳魯豫在入行前，去中央電視臺面試，被要求現場採訪張曉海導演。她最後一個上場，看著張導的大鬍子發問：「為什麼文藝部的導演都留大鬍子？你、趙安、張子揚三個人是中央電視臺最年輕有為的導演，你們之間的競爭厲害嗎？」

有效提問，是為了更好的溝通

張導之後常提起魯豫那次惡狠狠的採訪，說「這個新人的問題一個比一個尖銳」，逼得他無處躲藏。但也正是如此厲害的提問力，令評委們印象深刻，讓魯豫在面試中脫穎而出，成為中央電視臺主持人，從而改變人生。

提問題，是人人都懂的事，但會不會提問題，卻是現代人的一項硬核（按：中國網路流行語，譯自英語hardcore。原指龐克搖滾裡最狠的一種風格，後衍生出各種核類音樂。後引申指面向核心受重，有一定難度和欣賞門檻的事物）考驗。

面對面試官，提不出有價值的問題；好不容易有跟牛人請教的機會，卻找不到讓牛人樂意傳授的好問題；跟一個初次見面的人交談，想著能深入了解一下，卻全程尬聊；同為新人，同事總能從老員工口裡套出捷徑，自己就是沒法獲得攻略，唯有孤單摸索。

訊息為王的時代，擁有良好的提問力，是獲取訊息的關鍵。提問得當，能打開對方話匣子，獲得遠超預期的訊息，為今後的工作、生活帶來便利。學會提問，本質上是為了溝通更完善。所以，有效提問包括了兩個方面：一是能提出一個好問題；二是要有一定的溝通技巧。

日本溝通專家齋藤孝認為作為被教育者，我們從小在學校經歷更多的是被動回答問題，因而很少主動發問，缺乏提問思維和能力，自然就提不出好問題。想解決這一難題，首先要有「問題意識」。

如何建立問題意識？推薦一個好用的方法——坐標軸圖示法。

透過圖二的第一象限，我們能從問題的特徵、談話雙方的興趣度、談話的時空感這三個維度，得到好問題的標準。

▼圖2　建立問題意識的坐標軸圖示法

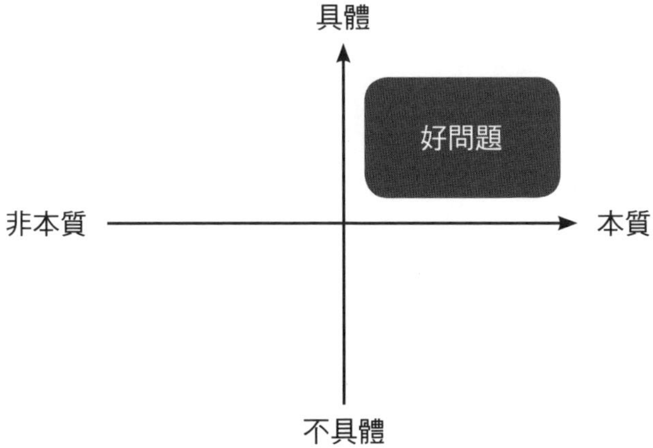

1. 具體而本質的問題（參考圖三）。

具體就是看得見、摸得著的東西。本質就是具體事物所具有的根本屬性，就像一個大樹根，能追溯到源頭所在。好問題，就是要向著這兩個屬性無限靠攏，只有抓住實質性的東西提出問題，才能獲取寶貴訊息。

舉幾個例子：你平時都做些什麼？（具體，非本質）；活著是為了什麼？（本質，不具體）；人之初，是性本善還是性本惡？（不具體，非本質）

以上，都不是一個好問題。因為太大、太空，很容易把話題說盡，沒能讓對方深入探討。真正的好問題，是具體而本質的。有媒體採訪中國脫口秀主持人金星時，這麼問她：「平時會刻意減肥嗎？一般都愛吃些什麼？」這個問題很具體，但是離此次採訪金星的主題「談談藝術人生」，差距有點大，屬於具體但非本質的提問。之後，媒體又問：「您人生的願景是什麼？」這個問題很重要也屬

▼ 圖3　建立問題意識的坐標軸圖示法

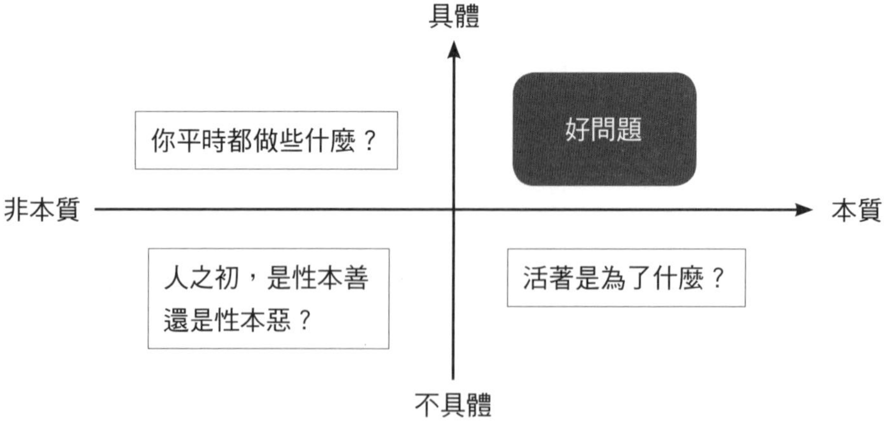

本質，但是過於抽象，並不好回答。金星想了挺久，也只是給出了一個「願我愛的人和愛我的人都好」，這個話題就終結了，沒激發出她的傾訴欲。

其實，如果這時候問：「您覺得要跳好一段舞蹈，最重要的因素為何？」這個問題就極具針對性，可藉此問出金星在舞蹈藝術上的專業，這樣提問，就能符合具體又本質的標準，是能打開對方話匣子的好問題。

2. 自己想問且對方想說的問題（參考圖四）。

提問前，要依對方的狀況、興趣、關心程度，配合自己的興趣來發問。如果只問自己想問的，而對方無法透過溝通獲益，其必然提不起積極性。

狗仔特別喜歡問明星：「你跟○○確認男女朋友關係了嗎？」受訪者常顧左右而言他。此為典型的自己想問、對方不願回答，顯然不是個好問題。

早年，蔡康永在《真情指數》節目中採訪成龍。當時成龍剛拍完一部新電影，蔡康永問他的第

▼ 圖4 建立問題意識的坐標軸圖示法

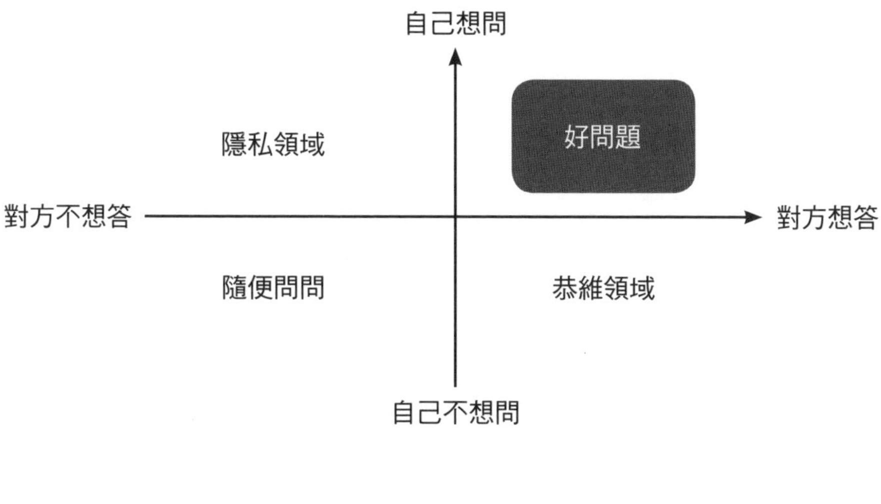

一個問題是：「拍電影累不累呀？」一個看似輕描淡寫的問題，讓成龍瞬時淚崩，在節目中哭了整整十五分鐘。之後，他回答了很多關於拍電影很心酸很累的往事。蔡康永想問，成龍想說，這個問題就是一個好問題。

3. 符合現在的語境和對方所經歷的問題（參考圖五）。

你與師傅談職場困難，他安慰你，說自己也是從相關職位做起來的。你這時順勢問：「那您當時是如何化解工作壓力，克服○○困難的呢？」師傅會順著你的提問，自然的分享經驗。一個好問題，讓你既了解他的訊息也能從他的經歷中得到學習。

達成好的提問，可以使用兩個小技巧

齋藤孝在《如何有效提問》一書中，寫了許多提問的方法，分享其中兩個小技巧，供你思索。

▼ **圖5　建立問題意識的坐標軸圖示法**

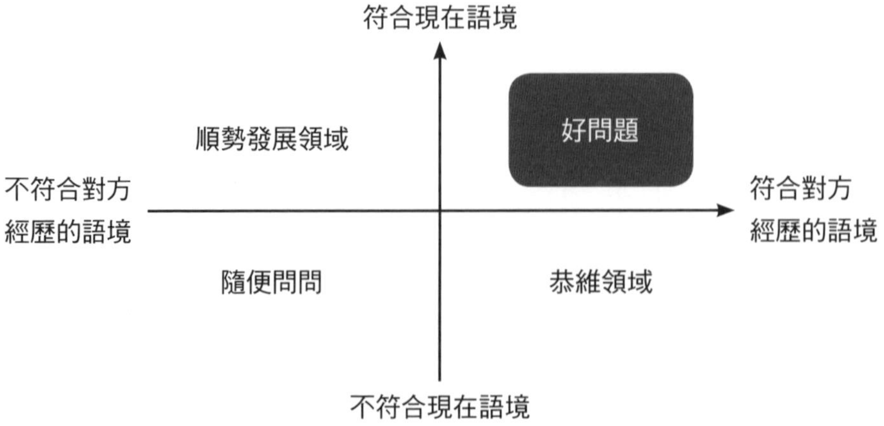

1. 附和的技巧。

附和對方說的話，製造談話的基礎。但附和不是對方說什麼，就頻頻點頭；而是在談話的過程當中，找到切入點，深入到本質問題中。根據難易程度，分為初級附和、中級附和、高水平附和三種，每一種附和所需的技巧不同。

初級附和的具體表現在肢體的「點頭」，以及隨聲附和一聲「嗯」、「原來如此」、「是這樣嗎」等言語上。**初級附和是簡單重複對方說的話，但要注意態度真誠，保持聲調平和不要過分誇張，不要上揚**，否則容易讓對方感覺到你是在敷衍，影響彼此的溝通。

中級附和有一個萬用公式：將對方的話換句話說，即在接聽到對方的話後，用自己的語言，轉換成新的說法，這是在初級附和的基礎上的一種升級。

舉個例子：與一個孩子的媽聊天，對方告訴你幫助小朋友注意力集中的方法，為讓對話持續暢通，你可以就剛才她的談話內容，轉化成自己理解的意思，重複一遍。

然後找到她剛才話裡的一個素材，繼續問：「讓孩子保持注意力和〇〇事件的做法是類似的嗎？」這樣提問，既表達自己已認真傾聽，並將它轉化為自己的東西，又讓對方覺得對談沒有白費功夫，你能理解她而且她還能引發新的思考，分享給你新的東西。

高水平附和則是根據對方語言前後的變化來發問。例如，讓對方談一談上大學時和大學畢業出來工作後，自己的變化。**透過一個「比較前後變化不同」的問題，能讓溝通熱度持續升溫。或者也可從對方之前說過的話入手。**

根據中國珠海格力電器股份有限公司董事長董明珠，與小米科技創始人雷軍的十億賭約（按：二〇一三年第十四屆中國經濟年度人物評選頒獎盛典上，雷軍開玩笑表示小米總營收能不能戰勝格力，覺得要看未來五年。雷軍更請全體人民作證，五年之內若小米總營收擊敗格力的話，董明珠輸一塊錢就行了；董明珠當下不甘示弱，認為不可能會被小米超越，隨即又將兩人的賭約金額提高到十億元），就有媒體提問董小姐：「對於之前打的賭，今年進展怎麼樣了？」這個提問，重視對方的過往言辭，給對方以被關注感。

2. 轉移話題的技巧。

談話基礎建立後，有時候我們需要將提問轉移到實質內容上去。若想轉得不突兀，需要借助轉移技巧。這裡推薦一個轉移魔句，幾乎所有的語境情況下，都可以使用：「具體而言是怎麼樣的呢？」

比方說，當你感覺到話題開始有些冗長沉悶時，就可以使用這個句子：「您剛才說對〇〇印象很好，具體而言是怎麼樣的呢？」這個問題，是將對方的注意力聚集回來，然後再提出本質性話題。

這種螺旋狀的談話方式，能讓人不太容易倦怠。好的提問能造就好的表達，想提升溝通力，讓對話不再無趣，你可以嘗試建立坐標軸意識、抓住具體且本質的好問題、運用精彩的溝通技巧，變得跟任何人都聊得來。

07 被提拔時不要只會說感謝，這八個字才是要點

朋友老孫最近獲得了提拔，升任部門主管。在部門的任職會上，他說了一大堆精心準備的話感謝主管，沒想到部門員工的反應非常冷淡，主管還差點翻臉。我問他：「你介意重複一遍當時是怎麼說的嗎？」老孫直接把他當時演講的文字稿發了過來，我只看了開頭就已然明瞭他主管翻臉的原因。

尊敬的林總、潘總，各位同事：

大家好！老實說，我到現在都不敢相信兩位主管會讓我來當部門主管。畢竟從資歷來看，我也不是最資深的，真是受寵若驚，特別感謝主管的器重！

所以首先我想表個態，為了回報主管的栽培和提拔，我今後一定加倍努力工作，聽從召喚，主管指東，我絕不往西。各位同事也可以做見證！

老孫說，當時林總直接拉下臉，打斷了他的話：「老孫，我希望你搞清楚兩件事。第

一，提拔你是公司的決定，不是我們的個人意願；第二，你是為公司工作，而不是為我和老潘工作。」

工作中獲得晉升，本來是件好事，感謝主管其實無可厚非。而老孫最大的問題，顯然是弄錯了重點，過分強調主管對自己的提拔，這不只會引發部屬不必要的聯想，也會將主管置於不必要的尷尬局面。

真正高情商的人在獲得提拔時，一定非常清楚自己被提拔的原因，說話懂得區分主次，而不會僅僅歸功於主管的提拔之恩。

一個人獲得晉升，核心標準是勝任力

一個基層員工，如何能夠獲得晉升機會？如果你能嘗試站在老闆或者主管的角度，看待提拔部屬這件事，自然就會一目瞭然了。正常情況下，主管首先要看的一定是員工的職位匹配度或者勝任力。

所謂勝任力，不是你與主管的親疏關係、不是你的資歷，甚至也無關你的性情品行，而是在主管心中，你能否勝任這個職位。

舉個大家都熟悉的例子。劉備進位蜀漢漢中王後，急需選一名大將，擔任漢中分公司的領導人。漢中的地理位置舉足輕重，既是北伐中原的前方陣地，也是保衛大後方益州的屏障。茲事體大，必須有一員能堪大任的大將鎮守漢中，劉備才可高枕無憂，踏實實施其他戰略部署。

那麼這位負責人，應該選誰？最有資歷的關羽守著荊州，眾人都以為那一定是非張飛莫屬了。畢竟論能力、論資歷、論對劉備的忠誠度，除了張飛，無人可比。但出乎所有人意料，劉備的選擇是魏延。

魏延是誰？一個降將，還被諸葛亮說腦後有反骨，險些因此被殺掉的貨色。任命一出，眾將都不服，劉備就當眾問魏延：「如果曹軍來了，你打算怎麼應對？」魏延說：「若曹操舉天下而來，請為大王拒之；偏將十萬之眾至，請為大王吞之。」一番話說得豪氣無比，眾人皆服。

而事實也確實是，在魏延鎮守漢中的十多年裡，這座城固若金湯，曹魏一步都沒能前進。如果漢中守將換成張飛，以飛哥的暴躁脾氣和酗酒成性的作風，漢中能否屹立十幾年不倒，就很不好說了。

如劉備一樣足夠睿智、理智的管理者，在挑選主管班底（領導機構和成員）時，首要考慮的，不是情也不是忠，而是合不合適，即我們說的勝任力。所以，當我們獲得提拔時，首先應該相信的是主管的判斷，並樹立「我是因能力上位，而非其他原因」，這樣的自信。

這種前提下，自然沒必要過分強調感謝。

回想老孫任職時說的那兩段話，其實核心就兩點：說感謝、表忠心。主管為什麼會不高興？感謝，是場面話；忠誠，事實上也沒辦法度量，並且隨著在公司時間、待遇、職位的調整，也一定是隨時動態變化的。動態變化，從操作層面講，它就屬於不可控。更致命的是在公開場合這樣一說，就算老孫被提拔這事本來沒什麼私人原因，也難免被人誤會。

相對來講，勝任力不僅是工作得以順利實施的保障，還公正公開更容易考核。畢竟你既往有過什麼經歷是清晰明確的、你曾做過哪些成功案例，哪些可以複製遷移也是可以量化羅列的、針對目前的工作，你的整體思路是什麼，是可以很快看見並驗證效果的。

這些，都是公司用以評估你是否合適升職的最直觀的依據，也才是真正有價值的東西。

所以，我們被提拔時，最忌諱的是以下三個誤區：

1. 盲目自謙。

「其實，部門資歷比我深的人不少，我也不知道主管為什麼選我。可能是幸運吧。」這是什麼意思？意思是主管瞎了眼？

2. 藉機攀附。

「主管一直對我特別好，我心裡都有數的，特別特別感謝……。」所以，你們之間果然有貓膩（按：指隱蔽之事、曖昧之事、內情）？

3. 跪舔主管。

就像老孫那句話：「主管指東，我絕不往西！各位同事也可以做見證。」無原則諂媚，多數情況下並不討喜。同時，在部屬眼裡，這副跪舔的模樣無疑令人厭惡，這對於後續的管理工作十分不利。

主管想聽，大家願聽

很多年前，我們部門的經理離職，同事老張因為技術扎實、業績突出，被舉薦為繼任者也獲得了大主管老盧的首肯。老張被正式任命的當晚，請整個部門吃飯也邀請了老盧。飯桌上老張說的一番話，我至今都還記得。

他說：「感謝主管的提拔和肯定。說實在的，獲得升職，我心裡除了興奮，更主要的還是忐忑。我一直是聽令做事，現在要開始管人了，肯定需要盡快適應角色轉換，還需要盧總多多支持。

「這是我人生第一次當管理者，肯定有做的不周到的地方，咱部門的兄弟們千萬別客氣。一旦發現我的問題，你們第一時間指出來，我當著盧總的面向各位表態，我一定知錯就改，全力支持好兄弟們的工作。

「關於後續我們整個部門的計畫和安排，我結合公司發展方向，已經擬好了方案。飯局上就先不說了，明天我會到盧總辦公室詳細報告。之後，我們開個部門會議，也請大家暢所欲言。」

老張的「被提拔宣言」聽得老盧頻頻點頭，眉眼之間非常認可老張。我認為他這番話的確可以作為一個範本，**其核心實際是聚焦於八個字：主管想聽，大家願聽**。

下面，我為大家簡單拆解一下，他這段話裡包含的四個核心要點。

1. 感謝要表達，但絕不是重點。

感謝當然是必須的，但一筆帶過就好，不必反覆提及。任命你，是主管綜合考量的結果，認可的是你的能力。一直刻意表達感謝，反而顯得你心虛，彷彿你是走後門，或是跟主管有裙帶關係似的，只會適得其反。

2. 表達忐忑，獲取主管支持。

表達忐忑是種謙虛，更多的是以退為進，期望在任職初期獲得主管更多的注意和支持。雖然也在隱晦的表示忠心，但更多的是聚焦工作本身，更容易被大家所接受。

3. 主動表態，獲取部屬支持。

開誠布公的請求眾人監督並隨時指出問題，這種友好的態度，非常有利於消弭芥蒂，獲得曾經是同事，現在變成部屬的眾人的支持。從而更有利於後續工作的開展。

4. 表達後續工作思路，這才是重中之重。

雖然主管是看好你才提拔你，但你之前畢竟沒做過相關的事，如何讓他們更放心？毫無疑問，要詳細的梳理並匯報後續工作的開展，這是一個非常良好的開端，也才是被提拔宣言的重中之重。

有思路，能落地，能即刻開展工作，沒有主管不喜歡這樣的人。

最後，我要補充一句話，被提拔時說得再漂亮，後續是否真的能快速適應角色變化，持續做成事，才是重點。要記得，只會紙上談兵或者言行不一的人，用不了多久，一定會被打回原形。

第二章 想賺更多，如何突顯自己值這個價？

「待人友善是修養，獨來獨往是性格。」

一個人，不人云亦云，不委曲求全，活得自在又獨立，才會吸引同類，找到真正讓自己感覺舒適，並能相互成就的社交關係。

01 拿下一億訂單的，竟是全公司最內向的那個人

前段時間聽讀者蕭蕭談論她的前同事小池。小池在辭職前拿過公司史上最大筆的訂單，該金額高達一億，老闆獎勵他年終獎金一百萬。

小池沒背景、長相普通，但銷售業績一直名列前茅。蕭蕭跟小池同期進公司，是搭檔。她活潑開朗；小池靦腆、寡言、喜歡獨處。

當初帶他倆的前輩，很不看好小池。老員工們也斷言，蕭蕭的發展一定會比小池好，像小池這種性格，做事絕對成不了。但偏偏就是這樣一個內向的人，成了公司的金牌銷售員。

蕭蕭對小池很敬佩。談起他倆一起拜訪客戶，每次都是蕭蕭的話更多一些，但小池只要開口，就得體大方、應答如流。蕭蕭私下打趣說他真矛盾，擅長偽裝，壓根不內向。小池一如既往的靦腆笑了笑，回了一句：「我當時在工作啊。」

簡單七個字，道出了其背後的成功祕訣——個人性格與職業身分，需要有明確界限感。

真正專業化的人，都是既充分保留個性，又不會讓性格因素影響工作。

性格決定命運，不一定全如此

能不能做成事，不應單純歸結為性格。程龍，中國演講達人，圈內人都尊稱他為龍兄。但鮮少人知道，龍兄曾是極度內向又自卑的人。

大學入學的第一天，老師請大家自我介紹。龍兄懵了。在農村時從沒遇到過這樣的場面，他局促不安，臉憋到通紅才支支吾吾吐出一句：「大家好，我……我叫程龍。」就逃跑似的跑下了講臺。

引人發笑的開場，讓龍兄的整個大學時期變得更加沉默寡言，也更害怕在公眾場合表達自己。畢業求職時，因為一說話就緊張，沒有企業願意錄用他。

什麼最弱，就從什麼開始改變。龍兄下定決心，既然知道自己的性格短板（人的短處、不擅長的地方），那就勇敢接納並開始刻意針對性練習。他瘋狂閱讀演講類書籍並進行表達訓練。同時，主動找人聊天強迫自己輸出觀點。之後，他的人生如同開掛（按：原意是指開外掛，現為網路流行用語，語意近似於超常發揮、超水平表現），憑藉出眾的演講表達能力，打敗諸多競爭對手，成功拿到蘋果大中華區培訓師的offer。

內向的人，若能真實透明接納自己，會更容易化被動為主動，甚至化劣勢為優勢。

中國歌手華晨宇，作為《王牌對王牌》新一季的主持人，他靦腆羞澀，站在喜劇女演員賈玲和男演員沈騰旁邊，卻從沒有因為話不多而遜色。只要到表演歌舞的環節，這個才華洋溢的小伙子就立刻能發光發亮，獲得觀眾的熱烈掌聲。

《勇敢創造自己的奇蹟》（*100 ways to motivate yourself : change your life forever*）一書中寫道：「每個人都有一個固定的性格，這句話其實是一個謊言，它否認了我們擁有持續創造自我的力量。」

成天標榜「性格決定命運」的人，實則是在自我設限。

卡爾・榮格（Carl Jung）在《榮格論心類型》（*Psychologische Typen*）中曾提過，外向和內向的特質區別，在於心理能量指向的方向。內向的人，能量指向內部，他們對內心世界更感興趣，因此喜歡獨處、安靜自省和思考。

中國錘子科技的創辦人羅永浩在演講時說：「你們別看我站在臺上能扯蛋那麼久，其實我是個很內向的人。參加超過五個人的飯局我就會全身不舒服。每次飯局以後，回家都要一個人狠狠讀一天書，才能趨緩過來。

「記得沒去新東方學校當老師之前，有很多人對我說：『老羅啊，你平時一天都說不了幾句話，還能上臺當老師？』但我不管，我內向的性格不代表決定了，我會被別人所左右。誰規定內向的人就不能當老師？」

性格歸性格，工作是工作。專業化的人，不僅能區分二者，更能讓自己的心理能量承載工作重量。羅永浩擴容心理能量的方式，就是獨處閱讀。過度社交如果讓其不適，他會鑽進書裡，汲取能量，調節自己。

微信之父張小龍也是個沉默寡言的人、臉書創始人馬克・祖克柏（Mark Zuckerberg）受萬眾追捧，但在現實中，他偏愛獨處。他倆如斯內向，卻無礙他們設計出世界上最偉大的社交軟體。

《時間的皺摺》（*A Wrinkle in Time*）的作者麥德琳・蘭歌（Madeleine L'Engle）說，如果不是因為小時候把時間都用在閱讀和思考上，她壓根不會成為一名如此大膽的思想家。

無論是羅永浩、張小龍、馬克・祖克柏，還是麥德琳・蘭歌，他們都因擅長找到自己的心理能量，從而輕鬆突破了自己的性格局限，最終大有所為。

每個人都有權利選擇，與自己相處的方式

心理學家武志紅曾說，**內向是對內向者的保護；外向是外向者的嘉獎**。兩者只有差別之處，絕無是非對錯之分。內向者若不喜歡社交，不樂意與人打交道，大可不必勉強。只專注於事，也是一份很好的選擇。

學長喬哥是資深銷售，業績一向靠前。他日常不愛社交，幾乎不跟客戶吃飯。我問他：「從不請客戶吃飯，毫無交情，他們會願意簽約？不會不爽嗎？」喬哥反問：「一定要陪客戶喝到吐血，才叫交情？如果利益合適，為什麼不爽？客戶願意簽，看中的是我這個人值得信任，我的產品物超所值，我們公司能成就他們公司。沒有交易哪來感情。」

從這一點上來說，內向的人更清醒、更理性。正如北京大學心理學博士李松蔚所言，人脈很重要，但無須把人脈當成人生的應有之義。內向者專注於內心世界，透過仔細考慮資訊、觀點、概念來獲得滿足感，而不是透過與人相處、團隊合作來獲取。

喬哥與小池都很清楚個人身分與職業身分，所以他倆在生活與工作間，能找到極佳的平衡點。內向者與外向者相比，只是聚焦點和激活技能方式不同，並無高下之分。

既交付完美的成績，又遵從內心選擇，這才是成熟的職場人士應該具有的模樣。知乎上有一道問題：「為什麼有些人看起來友善，卻總是獨來獨往？」得到最高讚數的一個回答是：「待人友善是修養，獨來獨往是性格。」

一個人，不人云亦云，不委曲求全，活得自在又獨立，才會吸引同類，找到真正讓自己感覺舒適，並能相互成就的社交關係。內向，當能活得眉目舒展，溫暖坦蕩。

02 職場上懂「自來熟」的人，運氣都不差

還記得一個「北京的哥」（按：中國對於開計程車的年輕男司機的暱稱）透過自身神侃技能，無意中避過被搶劫的新聞，上了熱搜。犯罪嫌疑人張某債務纏身，心生歹念。在只搶到三百元的情況下，心有不甘。

他連續換了四輛計程車，卻都因為與司機聊得太投機，不忍心搶劫而放棄。下車時，還乖乖付了車費。

都說會說話的人，運氣不會太差，四名北京的哥以親身經歷告訴我們，會說話的最高境界，不單是手抓錦鯉，還可以逢凶化吉，更能救命。

我曾在北京工作七年，對北京的哥印象最深的部分，同樣是能侃（很會說話）。無論是主動找話題還是接話，他們都游刃有餘還不招人煩。

身在職場多年，我發現那些能快速破冰，與陌生人無障礙建立連結的人，往往都混得比較好。北京的哥式的自來熟（按：中國山東方言，意思指一個人很開朗熱情、隨和、不怕生，在任何場合都能吃得開、能輕鬆自如的和他人打交道），在職場上是一種值得提倡的優

良品質。

高級的自來熟，能讓你開口即贏

你的身邊肯定存在著這兩種人：一種是能輕易和所有人打成一片的人；一種是慢熱，最初相識時，距離感明顯的人。

人類學家霍爾（Edward T. Hall）曾提出人際距離（interpersonal distance）的概念，指的是在人際交往中，雙方的距離和意義。人際距離不同，與新朋友的相處方式、熟絡速度就不同（參考圖六）。

職場中，我們經常會聽到類似的話：「我可不是來交朋友的。」、「千萬別把同事當朋友！」等，這些話背後，是將個人生活與職場社交，畫出了一條界線鮮明的鴻溝。自己不出去，也不許別人跨進來，上班時公事公辦，下班後各

▼ 圖6　人際距離概念圖

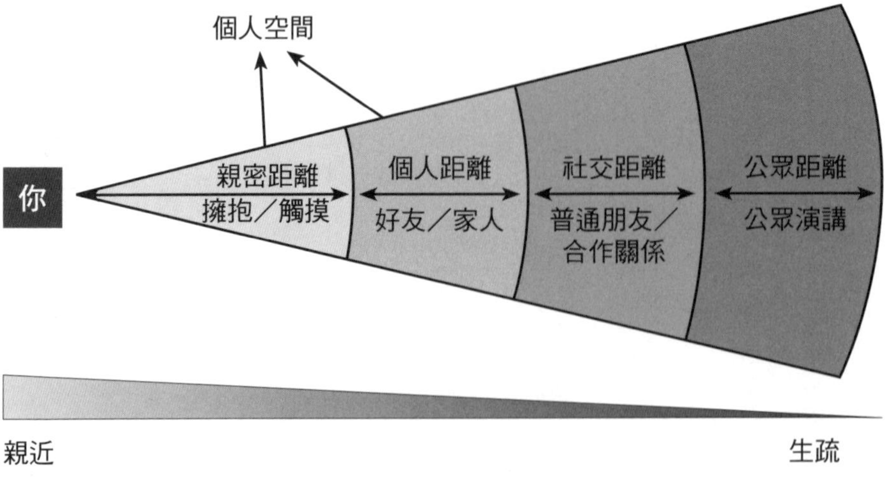

回各家。

霍爾把人際距離分為四個層級，由親近到生疏，分別是親密距離、個人距離、社交距離與公眾距離。一般來說，親密距離和個人距離以內的空間，統稱為個人空間。

像「北京的哥式自來熟」的人，個人空間相對更廣，可容下更多人；而慢熱型的人，剛好相反。兩種人均沒有對錯，只不過職場裡很多時候，需要我們主動融入或帶節奏。

拜訪陌生客戶，直接切入工作話題顯然太硬，要以什麼樣的話題快速破冰？電梯裡碰到主管，裝沒看見顯然不合適，該說些什麼？你管理一個團隊，如何在團隊建設或聚餐中，帶起氣氛？以上情形，一個習慣自來熟的人，能更快立起人設，擴散影響。

當然，凡事皆有兩面。你身邊肯定也有這樣的人：熱情過頭，說話不著邊際，又或總是自以為熟，初次見面就問私密問題。這類型的人，錯在把自己的個人空間放得過大，以為人人都跟自己一樣，導致神憎人厭，避之不及。

沒掌握好分寸感，即交淺言深，是在人際距離中特別需要注意與避免的。

中國知名戰略行銷專家小馬宋說過一個故事。最初，他發現脫口秀節目《羅輯思維》挺有趣，想看看是否有合作機會，可他並不認識該節目主持人羅振宇，那該怎麼辦？

小馬宋首先關注了公眾帳號和羅振宇的微博，一方面加深了解，一方面留心機會。終於等到一次互動活動，他順利見到羅振宇。但活動會場上有幾十個人，小馬宋如何能一開口就讓羅振宇注意到自己，且拉近距離？

他說，他事先做了功課，《羅輯思維》的粉絲當時達上千萬，但推廣一本《戰天京》卻只賣了五萬冊。於是在其他人都忙於向羅振宇推銷產品時，小馬宋站起來說，自己曾以一個僅有兩萬名粉絲的公眾帳號，賣出了一萬冊的書。

這話立即引起羅振宇注意：「你這個很厲害，我們可以聊聊，能否一起出本書？」後來，小馬宋成了活動當天唯一拿到羅振宇微信的人，之後經過幾次接觸，讓他成為「得到」App（播放知識內容的Podcast）的品牌顧問。

職場上，我見過很多像小馬宋一樣優秀的前輩。他們私底下內斂沉默，可一旦進入公眾場合，立刻像換了個人一樣，神采煥發，說話得體，每一句都能說進人的心坎裡，最終促成合作。這便是一種高級的自來熟。

這種自來熟，完全源於事前的謹慎了解、精心籌備，與性格、天性無關。越熟練掌握，越能找到痛點，精準出擊，開口即贏。

如何透過說話，與陌生人快速建構親密關係

如何掌握好分寸感，讓我們與陌生人快速建構親密關係，又不至於招人煩導致適得其反？我想分享以下四點心得，供參考：

1. 從一個恰當的時機或對象開始。

一群人在玩手機，有一個人左顧右盼無所適從。這個人，就是你的恰當對象。說不定他會有和你一樣的交流欲望，你們深入聊下去，可能性會大很多。而什麼是恰當時機？一群人在聊天，硬插入顯然不合適，你可以在他們停頓時，順著話題不經意插入，這就是一個恰當的時機。

舉個例子，大家剛好聊到吃的，你可以接上一句：「〇〇店的確很好吃。這家附近有一家〇〇餐廳也非常不錯，哪天我們一起去啊？」時間和對象恰當，才不會顯得突兀，也才更容易融入人群。

2. 從誇獎對方的一個具體細節開始。

「你今天這件衣服真好看，在哪裡買的？」、「妳的唇色真漂亮，真有品味，用哪一款唇膏呀？」不要泛聊天氣、飯否（中國首批提供微型博客服務的類推特網站），誇跟TA（Target Audience，目標族群，就是喜歡你商品的客戶；在社群上的話指的就是喜歡你的粉絲們）有關的細節更有利於增加對方好感，讓話題得以延續。

3. 從對方利益角度開始。

朋友小趙想找人幫她發條微信朋友圈廣告，她寫了如下一段話發給對方：

親愛的，我注意到你在賣化妝品，我的微信帳號有五千名粉絲，其中年輕又時尚的粉絲滿多的。

我可以幫你在我朋友圈發一則廣告，將對化妝品感興趣的朋友導流給你。近期，我的新課程上線，能不能請你也幫我在你的朋友圈裡發一則廣告？

對方很爽快就答應了，這次互惠合作，給彼此均帶來幾百個精準粉絲。對比「麻煩幫我轉個朋友圈」式的群發騷擾，優先從對方利益角度出發，更易獲得青睞與認同。

4. 以即興表演的方式開始。

即興表演是一種新興的表演形式，有別於傳統表演，它最大的特點，是沒有劇本。演員在沒有任何準備的前提下，根據對方的臺詞、舉動，進行反應接續。

為了讓演出得以順利進行，即興表演遵循一個最核心的邏輯——Yes And。所謂Yes And邏輯，即無論對方說什麼，你都持肯定意見，並添加額外的訊息。

對比一下：「我想試試這個方案。」對方說：「啊，你這個方案簡直太蠢了！」或是說：「好啊！我也覺得這方案不錯。我們可以再增加這幾個細節，讓它更有效率，也更迎合客戶需求，你覺得呢？」

與動不動就說No相比，Yes的包容性和開放性，能讓我們更能聆聽彼此的聲音，碰撞出更好的火花，從而更快速的拉近關係。據聞，國外的編劇們，也經常採用這個邏輯來創作劇本，讓劇集變得充滿創意。

「男主角一開始就死了！」

「Yes！而且他進入了一個滿是骷髏的世界！」

「Yes！而且這個世界裡充滿了音樂。」

會說話的人，真的是帶著滿滿的魅力。哦，Yes，你猜得沒錯，上面那個例子，就是風靡全球的美國3D電腦動畫歌舞奇幻電影《可可夜總會》（*Coco*）的由來。

03 如何體面拒絕，還不會得罪人？

最近看到一則提問：「在職場中，如何體面拒絕同事，還不會得罪人？」提問者聲稱，自己就是典型的職場濫好人。別人有所求，都張不開嘴拒絕，也生怕拒絕後就得罪人。

他現在是基層管理者，依然面臨類似問題，甚至部屬的工作他有時都要幫忙，活得非常累。留言區一堆網友評論，沒有半個人同情他，都說這是他自己咎由自取，活該。我們為什麼不敢拒絕？

就我所見，不敢拒絕他人，主要源於四大原因：

1. 害怕自身名譽受損。

假如有個人一直都很大方，朋友們都經常找他借錢，他也來者不拒。錢越借越多，卻多半有去無回，於是他開始思索是不是以後不再借錢給朋友？

但如此一來，別人會怎麼想？會不會到處說自己徒有虛名？**有的人正是因為過於在乎自己在別人心中的評價，生生把自己架到某個人設上，從而成了他們無法開口拒絕的原因。**

這就是我們常說的，死要面子活受罪。事實上，一個人的形象在別人眼中是長期的，也是動態的，合理的拒絕未必會影響形象，甚至會反過來讓人覺得你有原則，更值得尊重。

2. 感到內疚。

有些人會有種莫名的責任感，認為自己應該為別人的情緒負責。我的表姊就是這樣的人。她在一家公司做行政，各種辦公軟體操作得非常嫻熟。

經常有同事找她幫忙做表製圖，不管手上事情有多忙，她從不懂得拒絕。她對我說，我是沒看見他們求她幫忙時，那種充滿期待又渴望的眼神。要是拒絕，他們肯定會失望，如果他們失望，她就會覺得內疚……。

3. 不知如何應對拒絕後的尷尬場面。

有時候，你未必不想拒絕，只是不知道如何應對拒絕後的尷尬場面。尤其是低頭不見抬頭見的同事，畢竟還要朝夕相處，關係弄僵了也挺尷尬的，最後多半也只好硬著頭皮答應。

甚至很多時候，有些人的無理要求遭拒絕後，還會表現出某些令人想像不到的憤怒，想來想去，還是忍氣吞聲答應下來最省事。

4. 害怕因拒絕而破壞關係。

對於重情的人，他們不拒絕的最大理由，就是害怕會因為拒絕從此失去一個朋友。尤其有的人生來內向，不擅社交，本身朋友就少，相較於一般人更為珍視友情，因而更傾向於委曲求全。

但仔細想想，那個一味只會向你索求的人，真的值得視為朋友嗎？

身在職場，如何體面拒絕他人

若在生活中，拒絕別人還相對容易，畢竟鮮少利益糾葛，不交往也就不相往來了，但放到工作場景，卻不盡相同。職場上，如何體面拒絕，才能不得罪人又不影響工作，的確是一門學問。

事實上，我們在面對不同的人和事時，有的人能拒絕，有的人不能拒絕，有的事應該拒絕，有的事不應該拒絕。要分別來看才更有針對性。我們姑且從對象的不同身分來剖析吧，大致上可以分為三類人：部屬、同事、主管或客戶。

之所以把主管和客戶擺在一起，是因為他們實際上是一樣的，主管，就是你在公司內部的客戶，我們一個個來剖析。

1. 如何拒絕部屬。

部屬找你，通常都是手上的任務遇到困難搞不定了，因此求助於你。此時，你該拒絕還是該伸援手？很好判斷，主要看這件事，是不是真的超出了他的能力及決策範圍。

比如，他是負責執行某個專案的專案組長，執行過程中客戶提出了額外需求，必須要增加預算，而這個金額超出了他的權限範圍。這個時候，作為直接主管，你當然應該參與進來，和他一起分析並給出解決建議，而不是直接拒絕，對他說你自己看著辦。

但倘若是某專案細節出了問題，本該由他協調專案成員一起解決，他卻不願擔責，總拿這種事情煩你，那二話不說直接反駁回去。因為是你的部屬，拒絕時只要注意別進行人身攻擊，就事論事即可，沒什麼話可說的。

2. 如何拒絕同事。

一般來說，同事間以和為貴，如果不是什麼傷神費時的大事，你們平時關係又比較好，我覺得能幫也就幫了。

你平時攢夠人品，關鍵時刻別人也才會幫你，所以，以下僅是討論那類確實很「不要臉，存心占你便宜」的同事。若你不想幫忙，大家畢竟低頭不見抬頭見，直接反駁回去顯得情商有點低，容易得罪人。

這個時候如何拒絕？我提供三個小方法。

第一招：以牙還牙法。比如對方說：「哎，你一會兒下樓辦事時，順便幫我取兩個包裹，你那麼強壯，對你來說小意思吧。」

你就回說：「可以啊，對了，你現在閒著沒事，幫我做兩份表格，你不是Excel高手嗎？這對你來說太簡單了啊。」

己所不欲，勿施於人，既然對方認為他安排的都是小事，那你也不用客氣，也盡可能給他安排一些「小事」，看他接不接。如果不接，估計也就不好意思總是免費使喚你了。

第二招：賣慘法。「哎，我晚上有事，要稍微早走一會兒，這件事你能幫我處理一下嗎？」你可以回：「哎呀，本來是小事，但我現在手上的事估計都要忙到晚上十點了，你該不會想讓我加班到十二點吧？我們家公寓住宅十一點半就關門了，還得叫保全……。」

如果這人稍微有點良知，應該不會再堅持要你幫忙。

第三招：拖延法。「哎，你能幫我把這件事處理一下嗎？」你可以回：「哦，好啊。不過我現在有點忙，主管交代了一件事，趕著要。先放著吧，我弄完我的事幫你弄。」過了大半天，他再來找你：「那個，我拜託的事怎麼樣了？」

你：「哎呀，主管又給我安排了一件事，還說明早就要，你說煩不煩！今晚怕是又得加班了，要不然明天看看？」

這時候，心裡有數的應該會知難而退了。如果他不退就接著拖啊，反正無法完成，受罰的又不是你。

3. 如何拒絕主管或客戶。

這兩類人老實說，通常情況下你惹不起，除非你鐵了心不想幹了。但是不是說，他們提出的要求你都必須照單全收呢？未必。

從職能上來講，不管是主管還是客戶，他們更關注的，都是結果。而他們提出許多額外需求，無非也只是期望能獲得比預期更好的結果。

所以，在面對他們的需求時，我們與其說討論如何拒絕，不如說討論如何有效引導，讓自己不至於始終被牽著鼻子走。

我的前同事老易，就是箇中高手。有一次做專案，客戶直接甩過來八項額外具體工作，並極不客氣的表示，如果做不了就請回吧。老易一看內容，全是「多出來」的要求，合約裡一條都沒有。但他並未直接拒絕，而是站在客戶角度，開始逐點分析：

第一項好是好，就是工程太大，需要你們投入大量物資和人力，投入產出比可能有點低……。

第二項是真好，但北上廣（北京、上海、廣州）都沒做過呢，我們確定要做白老鼠？

第三項也不錯，但咱關起門說句實話，這不是您部門主導啊，即便做成了，您也不是最出色的那個……。

最終，客戶同意只執行第七項，其他都可以暫時擱置。而第七項內容，是八項中實際工作量最少的。老易為什麼能夠拒絕客戶還讓其滿意？因為老易態度堅決，不卑不亢，而且有理有據。

最重要的，是每一點分析都基於客戶角度出發，讓客戶相信老易確實是在替他們考慮。很多時候，客戶確實不清楚他們要什麼。而一位真正傑出的職場人士，一定懂得化被動為主動，化拒絕為引導，最終互相成就。

職場上，我們經常談到**專業化這個詞。除了工作能力強、擅長溝通協調、能夠拿到好的工作結果外，還有一項同樣重要的技能，就是懂得拒絕。**因為我們跟公司、公司與客戶間的關係，其實都是契約關係。

所謂契約，其背後的邏輯叫公平。在合約約定範圍內做到最好，卻也懂得果斷拒絕超範圍的要求，不要過度交付，這才叫專業化。

04 一爭吵就人身攻擊？你需要XYZ公式

「如果有問題，我們到時多溝通。」這是一句常聽到的話，但多溝通就一定能「溝通好」嗎？

我想先分享一個真實事件。我在前公司時，帶領A、B兩組人。A組長業務能力強、執行力高，但性格暴躁易衝動；B組長技術能力較弱，說話做事慢半拍，但勝在認真細心。

有一次，需要向客戶做匯報，兩位組長在某個子產品的描述上起了衝突。

從撰寫報告開始，到呈現文本給我審核的一週內，兩人多次溝通，無疾而終。他們各自堅定認為己方是正確的。最後，本應合作出一份報告，變成了每組各出一份。

而且，兩人越到後面，言語越過激。A焦躁急吼，B冷靜反擊、步步逼近；A被激怒得開始人身攻擊，說B是○○小地方的出身，見識淺薄。

職場就是江湖，有江湖的地方就有人，有人就會產生矛盾與衝突。一次卓有成效的溝通，前提是你的溝通對象信任你。如果對方對你產生懷疑，就像A、B兩個組長，彼此缺乏信任度，自我意識強烈，那溝通多少次，用什麼樣的溝通話術，都是起不到作用的。

只有彼此信任的溝通才能降低衝突，解決問題。反之，暴力溝通只會將事情結果導往壞方向。

掌握周哈里窗理論，增強彼此信任感

什麼是周哈里窗理論？周哈里窗（由美國社會心理學家Joseph Luft和Harry Ingham提出），又稱溝通視窗，也被稱為「自我意識發現與反饋模型」。它根據「自己知道——自己不知道」和「他人知道——他人不知道」這兩個方面，將溝通雙方對內容的熟悉程度劃分為四個區域，分別是：公開我、隱藏我、盲目我和未知我（參考圖七）。

這四個區域基本包羅了日常溝通的大部分情況，熟悉和了解每個區域之間的關係，可以利用它，建立信任和尊敬感，讓溝通更具成效。

1. 公開我：自己知道、別人也知道的

▼ 圖7　周哈里窗示意圖

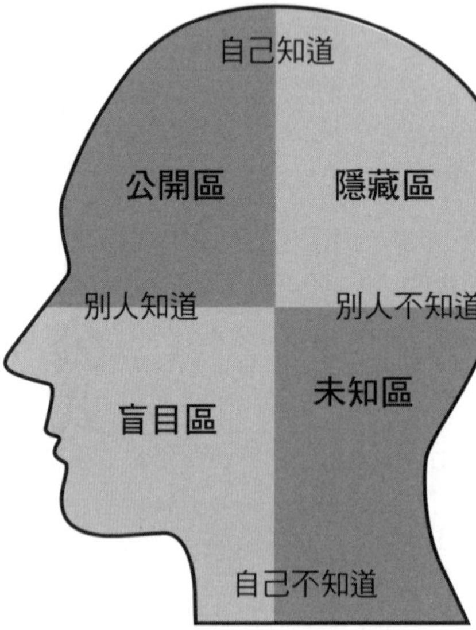

訊息，雙方都處在這個區中，是最容易溝通的。

比如你和溝通對象都關注過某大咖的帳號，都認同大咖的三觀。那麼，你們在彼此的共識範圍內討論大咖的文章，會取得較高共鳴，達成溝通一致性。這就能理解，為什麼關係越親暱，信任度也就越高。其本質就是公開我逐漸擴大的過程（參考圖八）。

▼ **圖8　開放我的擴大過程**

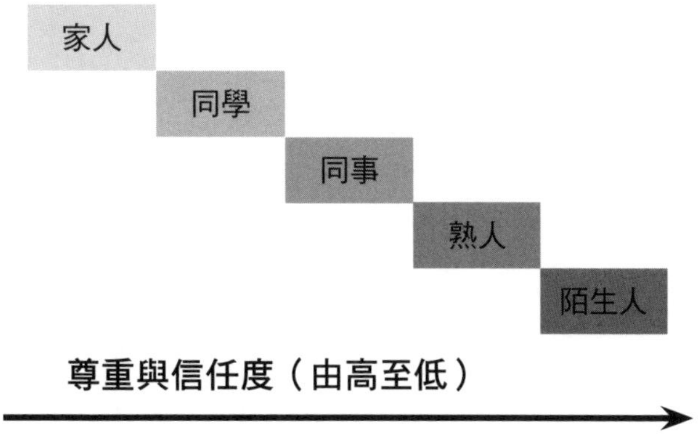

2. 隱藏我：自己知道、別人不知道的訊息。

每個人的成長經歷、職業背景都不一樣，很多自己覺得簡單又理所應當的事，別人可能並不知道。例如在完成任務後，需主動對主管進行匯報。這對於職場老手來說是一件很正常的事，但對於一些剛入職的應屆畢業生來說，可能並不知道，於是就只能乾坐傻等老闆來詢問，屢犯禁忌。

每個人都會存在思維遮蔽性，突破它的最好辦法是反覆溝通。在彼此理解清楚後，才能有更好的合作。

3. 盲目我：別人知道，但自己不知道的訊息。

因為自我保護心理，人在接收到質疑時，會因天生具有對抗性，而進行攻擊。

職場上，這種現象會使得同事即使看到你的問題，也常常保持沉默。沒有正確的訊息反饋，你可能一直都在錯誤的軌道上前進，距離工作目標越偏越遠。

4. 未知我：雙方都不了解的訊息。

這個區需要你主動告訴他人，自己能做些什麼、做了什麼。

從以上四個區域不難看出，獲得信任感主要在於擴大公開我。如何擴大？我們可以從兩個方面著手。

一是主動向他人袒露自己的故事、想法，讓別人多了解自己，讓訊息對等化。二是請求他人指出自己的盲點，包括自己看不見的優點和缺點，以及自己無意識的那些行為作風等。

回到A、B兩位組長的例子。如果他倆能先分析自己在專案中有問題的地方，同時提出解決辦法，完成自我覆盤，然後再讓對方根據自己做得不好的地方，進行補充，對做得好的進行肯定。如此，他倆的合作，就不會出現多次溝通無效的結果。

獲取了信任度，只是有效溝通的第一步。如何愉快交流，讓人聽得進去？我們可以**透過以下三個策略，來提升溝通效率**。

1. 採用同理心法則。

溝通高手的特質就是擁有高度同理心，能換位思考。有個故事說一隻猴子受了傷，然後所有的猴子都一個個緊接著去探望牠，每隻猴子都說：「哎呀，你太可憐了！」然後這隻猴子就將自己的傷口，挨著給每隻猴子看，最後，這隻猴子就死了。

同理心，能真正體會到對方感受，妥帖照顧，否則會容易失去理性思考能力，無法進行正常判斷。溝通時，可以先把自己的意見放到一邊，嘗試先傾聽、理解對方的觀點。

所謂同理心並不是要立刻同意甚至附和對方，而是幫助你在欲爭執時，快速找到雙方的基本共識。

2. 掌握共識金字塔定律。

共識金字塔分為人身攻擊、只談觀點、陳述事實、提出建設性建議與尋求共識五個層級（參考圖九）。

・人身攻擊、只談觀點。

處於這兩層級的人，往往在沒有了解事實真相的情況下，就開始武斷下結

▼ 圖9　共識金字塔示意圖

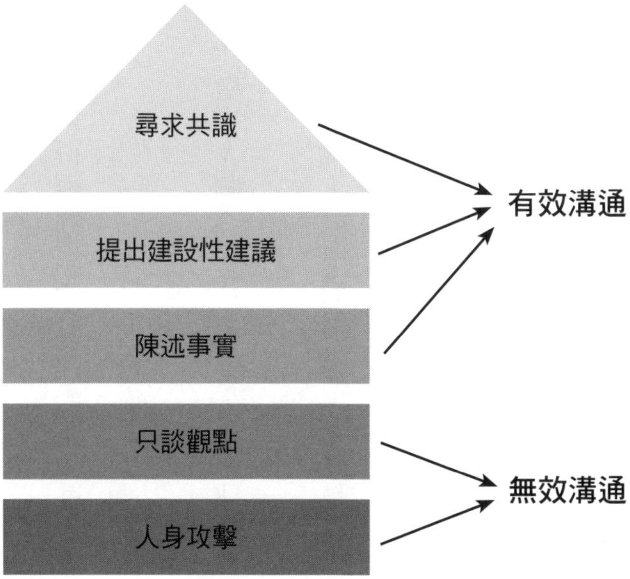

論，一旦溝通對象出現不同看法，就急不可耐的反駁，從而失去判斷。

每個人的內心都希望被認可，而不是被否定。所以，對待這種情況，最好的辦法就是多方收集訊息，有了調查再發表言論。

・陳述事實。

處於這一層級的人開始進入有效討論。很多人會將數據、圖表等佐證拿來，運用理性思維，進行反駁。但他們也往往敗在這一層級上。

因為強烈的自我意識主導，會不太注意說話的態度和方式，從而讓對方覺得，你是在和他對抗。這種溝通無論最後是贏是輸，雙方都會不愉快，會有強烈而不適的排斥感。

・提出建設性建議。

表達觀點，拿出事實，加上換位思考的同理心，是此層級的特性。能站在他人角度，幫助對方思考漏洞，補齊論證，這樣的溝通才是有效溝通，而不是為了駁倒或擊敗對方。

處在此層級的溝通者，往往態度正面積極，具備利他思維，是一種很好的互惠式溝通。

・尋求共識區。

在這一層級，溝通雙方需要高度抽象和總結力，用更宏觀的視角，涵蓋雙方達成共識的合理區。真正做到求同存異，互相交流。

3. 運用XYZ公式。

這個公式的運用方式是：你說的X行為其實是Y原因，你這樣說讓我感到Z。

例如，小王質疑你：「為什麼擅自換文案？你總是等到快發文了，才說換文案，真是耽誤大家的時間！」如果你直接回答：「你不也一樣嗎？上次你到最後一刻也沒發文啊。」那你倆的溝通一定會崩盤。

正確的表述形式是：「昨晚聯繫多次，沒有聯繫上金主，所以今天才會換文案。但你這樣說，讓我感到無奈和委屈。」

這個表述形式，回應了對方的情緒宣泄且聚焦事實，一則不會引發更大衝突，二則可以順勢說出原因。職場上，溝通不是上戰場，不是辯論賽，而是為了達成共識。採用同理心法則、掌握共識金字塔定律、運用XYZ公式，能讓我們更有效的展開溝通，彼此達成共識，推動和諧發展。

05 不要問憑什麼，要問為什麼

最近看到一篇文章，作者分享了一些成功人士背後的故事。

比爾‧蓋茲（Bill Gates）不會告訴你，他的母親是國際商業機器公司ＩＢＭ的董事。正是他母親，為他促成了第一筆大生意。

巴菲特（Warren Buffett）不會告訴你，他的父親是國會議員，八歲就帶他參觀了紐約證券交易所，學習金融知識。

馬化騰不會告訴你，他的父親是鹽田港上市公司董事，騰訊的第一筆投資來自李澤楷，李澤楷與鹽田港母公司是什麼關係無須多說。

整篇文章，作者一直試圖告訴我們一個核心道理：這些人生贏家，都是含著金湯匙出生的，運氣又好，他們的成功，理所當然。而我之所以混得這麼慘，是因為爸媽不給力。人家憑什麼成功？投胎時，早已天注定！

的確，以上的故事是真的。但個人努力、打拚的成分，就可以完全忽略不計嗎？見到比自己優秀的人，不是見賢思齊，而是立刻找出一堆客觀原因，論證其優秀背後有著「不為人知的隱密」？

又一次輕易與自己和解，最終坦然放下愧疚感，繼續安於現狀，真的是很多人慣有的邏輯。在成年人的世界，這樣的行為只是暴露了你可憐的自戀而已。你越擅長自我開解，就越會在泥沼裡原地踏步，最終和別人的差距只會越拉越遠。

「憑什麼」總掛嘴邊，會讓你無視缺陷、拒絕成長

心理學上將價值觀分成兩類，一類叫弱勢價值觀，一類叫強勢價值觀。抱持弱勢價值觀的人，最大特點是喜歡抱怨，習慣性質疑規則不合理。

我的內容編輯水青衣曾輔導過兩名作者，教她們寫文章並投稿某百萬級微信公眾帳號。兩個人的文字功底差不多，也都很勤勉。

但A比較固執，不太管該公眾帳號的風格，只喜歡按自己想法行文；B細心踏實，願意聽從指引，研究該公眾帳號平臺後不斷調整文章。最後B成功上稿。A不服氣，多次私訊水青衣，表達不甘心。

後來甚至直接開懟：「B那種水平都能上，憑什麼我不能上？是平臺有黑幕，還是你暗

箱操作，把編輯介紹給她？」水青衣無奈的跟我說：「只要A沒上稿，就是平臺有問題，就意味著我處事不公。」職場上，這種思維方式比比皆是：

她就是靠著性別優勢啊，不然憑什麼做一樣的事，我只拿這點薪水？
公司制度肯定不合理啊，不然憑什麼我辛苦這麼多年，還在基層？
他肯定有裙帶關係啊，不然憑什麼同期進來，就他升職了？

凡事張口就是憑什麼，背後的實質情緒指向，是在抱怨規則不公平。如果承認公平，等於變相否定自己，承認自己的失敗，那是萬萬不可能的。於是，越抱著弱勢價值觀的人，就越不相信規則，也越會覺得凡是自己看不慣的事情背後，一定有什麼人在「搞鬼」，一定用了非正當的骯髒手段。

無論看什麼，都覺得大有問題，卻唯獨看不見自己的問題。長此以往，這只會讓你活在陰謀論中。恕我直言，這不是在拒絕他人，而是在拒絕讓自己成長。

與弱勢價值觀相比，強勢價值觀的人很少質疑規則，而且在遇到問題時，更傾向於問「為什麼」。

中國說話達人選秀節目《奇葩說》第四季邀請了羅振宇做嘉賓，節目前兩期跟馬東、蔡康永相比，他的表現差強人意。羅振宇後來坦言，才來第一天，就感覺自己碎了。他不熟悉這個場合，也不適應這種表達方式，表現不好，情有可原。

這個時候，他可以有兩個選擇。選擇一即為回到《羅輯思維》，以老闆身分強迫員工說他辯得好，比米未傳媒創始人馬東、蔡康永都強，不過是節目的規則有問題。這樣，他就能快速找回心理平衡，繼續在原軌道上維護好自己的自尊和榮耀。

第二個選擇就是既然碎了，就要重建。仔細思索，為什麼別人比自己辯得好，好在哪裡？羅振宇的選擇是後者。他花大量時間，仔細研究每一個導師及選手的發言、邏輯和結構，認真總結，反覆練習。

後來，就有了第四季導師與前四屆冠軍對決時，他在第四辯位置，驚豔的力挽狂瀾，羅振宇就是典型的強勢價值觀秉持者。**總習慣問憑什麼的人，不過是習慣自我安慰，替自己尋找不肯改變的藉口。**能夠多問幾個為什麼，才能找到出路，持續刷新自己，盡快趕上優秀者的步伐。

你的心態，決定你的位置和高度

我經常聽到不少職場新人發表類似的言論：「我一個基層新人，月薪只有三千元，憑什麼要做那麼多額外的事？我能按時上下班，就算對得起老闆了！」於是，這類新人，做一天和尚撞一天鐘，得過且過，只出手腳不出腦子。

從等價交換的角度來看，這沒什麼大礙，那些職場老人和你的主管、老闆，他們是利益既得者，處於相對強勢地位；相應的，你會把自己定位在弱勢位置。但所謂強勢與弱勢，從來都是動態的，與你當前所在的處境，並無直接關係。

靜雅在一家公司做經理助理，剛入職時月薪三千兩百元。她問自己：「為什麼有的同事入職不到兩年，就能月入破萬？」之後，她主動做一名業務很厲害的同事的副手，悉心學習研究，漸漸接手公司自媒體方面的商務、推廣、運營等工作，且上手飛快，做得有聲有色。一年半後，她如願拿到了破萬的月薪。

對現狀不滿是好事，但它應該成為我們奮鬥的動力，而不僅僅是抱怨的泉源。掉到弱勢價值觀的陷阱裡，總習慣以受害者身分自居，因當前的位置和待遇，禁錮住自己的思維，是很危險的。

這種思維一定會反過來，將你牢牢鎖死在現有位置上。不思改變，不求進取，只一心苦苦等待那個真正屬於自己的公平規則的到來，無疑是最大的妄念。位置從不決定心態，反之，心態才決定位置和你最終能到達的高度。

馬東的米未公司門口，掛著一條標語：「感覺疼的時候，你正在成長。」當你感到不舒服，甚至疼痛的時候，少說點憑什麼，少一點對規則的抱怨。反過來，多問為什麼，多分析問題，嘗試接納規則，才會帶來完全不同的認知格局。

不妄自菲薄、不蓄意詆毀、不自我寬慰，不要那麼輕易就跟自己再一次達成和解。請記住，要跟自己較勁。對自我都能勇敢下狠手，前景不會差。擅長跟自己抬槓的人，才能真正獲得成長。

06 厲害的員工，不怕善變的老闆

曾收到一名讀者的提問，特別有代表性：「我的老闆太善變了，總是朝令夕改。上週剛決定的事，這週又全部推倒，問題是我都做了一半了！這讓人很抓狂啊！公子，請問這該怎麼辦？」

老闆主意不定，員工疲於奔命。職場上，這種情況十分常見。我想這位讀者一定希望我教他，如何才能有效阻止老闆的各種奇葩想法，讓自己的工作變得輕鬆有序。但抱歉的是，現實中的職場，尤其是高速發展中的中小型公司，不朝令夕改的老闆，幾乎不存在。

在整理這個問題前，我們應該先整理自己與老闆的定位問題。

老闆朝夕令改，成熟的員工，猶如轉向助力

員工的定位，是將任務全力做好；老闆的定位，是決策。公司發展、盈利、存亡，依賴於老闆的決策。我的朋友姜姜曾經入職一家影視公司，主要負責內容創作。當時接到一個微

電影專案，她熬了好幾個天夜，認真按客戶要求輸出劇本。

交給老闆後，老闆讓她連改了五遍。最後老闆依然不滿意，但截止時間所剩無幾，他說：「我自己來吧。」看了老闆改的劇本，姜姜也很不滿意。客戶明明要求唯美風，他卻加入許多口語化對白，澈底改變原文調性，上下段之間變得不倫不類。

姜姜據理力爭，老闆卻說，他知道自己寫得不好，但問題是她寫的，他也沒覺得有多好。既然雙方的出品都不好，他還是選擇相信自己。老闆對姜姜說：「妳要知道，我是對最終結果負責的那個人。」後來不出所料，客戶覺得劇本與需求差距過大，合約沒簽成。姜姜離職後，獨自開了一間小工作室，自己做事。她說：「現在回頭看，雖然專案失敗了，但從老闆的角度出發，我覺得他當時其實沒有錯。」

作為一家公司的掌舵人，老闆常改變主意，根源是他心裡沒底，所以才會左右搖擺，舉棋不定。他不知道該往哪裡走，卻又只能一邊默默害怕，一邊硬著頭皮往下走。因為，只有他是真正為結果負責的人。老闆一怕就會變，員工就受累，但老闆因為不怕而不變，公司可能就會完蛋。

柯達曾是膠片相機領域無可匹敵的王者。在數位相機風靡全球時，他們仍堅持做膠片，最終，毫無懸念的跌下神壇；當絕大多數手機廠商都搭載安卓系統，推出智慧手機時，諾基亞仍執著於自己的塞班系統（Symbian），廣告主打宣傳方向仍是曾經的超長待機。最終，它也黯然離場了。

理解老闆的「變來變去」是因為他們的身分是主管者，需要緊盯市場並時時調整戰略與決策，最大程度確保公司持續存活，這是定位所決定的。

員工的定位又是如何呢？馬東曾打過一個比喻：老闆如同考生，員工如同考生手中附有橡皮擦的鉛筆。

答題時，考生做出判斷，用鉛筆寫下答案。回頭檢查時發現問題，此時，鉛筆要做的應該是即刻擦除，重新按要求填寫答案。如果此時鉛筆跳起來說：「改來改去真的累，你最好寫上去就別擦。」或者說：「擦起來很辛苦，要擦五分鐘才能擦掉哦！」

這樣做，事實上是增加了考生的試錯成本，逼著他一條路走到黑。若考生因成績不好被退學，一個退學的學生，就不會再需要鉛筆了。換個角度：如果鉛筆容易寫，容易擦，讓考生能安心做判斷，無壓力調整，他一定會越加青睞手中的筆。所以，考生與鉛筆，是相互成就的關係。一個真正成熟的員工，除了要像鉛筆，更應該像「轉向助力」。

開過車的小伙伴都知道，最早的汽車沒有設置轉向助力，在轉動方向盤時，需要花很大的力氣。在轉向助力技術發明後，我們打方向時，轉向助力能消除摩擦力與阻力，讓我們能輕鬆隨意改變方向。在這瞬息萬變的互聯網時代，多數時候老闆也許並不知道何為對，何為錯，他只有不停轉方向、做判斷。

而一名優秀員工此時要承擔的角色，就是他的轉向助力。你的助力越到位，老闆就越輕鬆，在壓力減輕的程度下，他或許會慢慢減少朝令夕改的頻率。

幫助而非阻攔老闆做選擇，給予他充分的支持，是員工的職場專業也是核心價值。

三種思維快速適應老闆變化

那麼，如何快速適應主管不斷變化？我想分享三種思維，供你參考。

1. 多一圈思維。

還記得前面提到的馬歇爾・多普頓的多一圈定律嗎？職場上，如果我們也能保持多一圈思維，在盡職盡責的前提下，聽任務做事情，總能想深一層，做細一點，當主管再次更改方向時你一定更能體會他的心境。

進一步說，老闆對你建立更深的信任，也會傾向於給予你更多授權的權力，朝令夕改的機率就會下降很多，這更有利於你後續的工作展開，從而形成良性循環。

2. 局外人思維。

很多時候，我們會因為老闆的某個決策而惱怒，是因為自己身處局中，是此決策的直接受害者。這時候，不妨抽離一點，盡量將自己置在局外人的視角，你可能會產生截然不同的思考。

「他為什麼要這樣做？看起來應該不是針對我。」、「前後幾個方案客觀對比一下，究竟孰優孰劣？」、「這個事做成了，我的益處都在哪裡？」從這些角度想一想，或許你就不會再陷在一堆於事無補的負面情緒裡，而以一份更從容的態度去看待老闆的善變。

3. 向上管理思維。

要記住，老闆雖然是決策者，但千萬不要讓他真正置身事外。老闆提出新的需求是可以的，但你要按照新工作量做出權衡後，跟老闆談一談：時間窗是否滿足？資源配置有沒有缺口？人力是否需要補充？有沒有什麼潛在風險，該如何規避？這四點的背後，都意味著成本的變化。老闆如果真的打算做，勢必要提供相應的資源和預算支持。

我雖然不鼓勵直接對老闆的朝令夕改說不，但有理有據的分析利弊，並基於此，給出方案建議，爭取相應的權利和資源，是一個卓越部屬的分內之事。相較於無論老闆說什麼，都默默點頭埋頭就幹，懂得向上管理、會爭取更多資源的員工，無疑更受青睞。因為在老闆心裡，這樣的員工，才是真正替他考慮的「自己人」。

不可否認，現實職場中，的確有不少只懂拍腦門、揮手瞎指揮，還不肯給任何資源，只想把你往死裡用的渣老闆，但這不應成為阻礙我們客觀評判決策者的藩籬。

彼得・杜拉克（**Peter F. Drucker**）在《杜拉克給經理人的行動筆記》（*The Effective Executive in Action*）中曾說：「**工作想要卓有成效，部屬發現並發揮主管的長處是關鍵。**」

當你拋開情緒，帶著冷靜的眼光，去審視老闆不斷更改的決策時，或許你會發現，那一刻的他比所有人更如芒在背，如坐針氈。

他不見得想那樣，只是不得不為。盡可能試著接受並相信主管決策，共同踐行試錯，多數情況下，你絕不會虧。因為你們的關係、他對你的信任程度，在這樣的過程中，只會增不會減，你也能收獲額外的成長。再退一萬步講，即便真走錯了也不用你買單，不是嗎？

07 月薪五萬，每天無所事事，三個月後果斷辭職

「錢多事少離家近，位高權重責任輕。」這句話，大概是無數職場人士夢寐以求的最佳狀態。「胡扯！」朋友老匡說：「稍微有追求的人，真遇到這種工作，能把你憋出病來，你信嗎？」我知道，老匡在說他自己。他曾有一份令人豔羨的工作，在一家大型民企擔任部門總監，月薪五萬，還不包括獎金。

自從直接主管離職，公司空降了一個副總。副總要培養自己的親信，找到老匡，耿直的老匡不願站隊。副總便做了個局，以調整組織架構為由，將他調去負責新業務，說是新業務，實則是虛職。手下沒人不說，整天無所事事。各種會議、決策壓根不需要他參加。除了每月照常領薪水的那一刻，他簡直找不到一絲存在感。

三個月後，老匡忍無可忍，主動提交辭呈。如今他在一家相對較小的公司當副總。薪水沒以前高，還比以前累，但做的有聲有色，又恢復了從前生龍活虎的模樣。老匡笑呵呵的說自己就是天生勞碌命，愛犯賤。但在我看來，他是真正看明白了「工作」這件事。對老匡來說，工作的快感，早已不僅僅來自高薪，更來自於「被需要感」。

始終被需要，才會讓人真正感知到自己的價值所在。

被需要，是自我價值最直接的體現

電影《可可夜總會》中，有一個非常扎心的設定：一個人即便去世了，他的靈魂在另一個世界依然是活著的。他還可以思索，還可以與人對話，甚至某個特定時候，還可以回到陽世來悄悄探望在世的親人。而當世上再沒有任何一個人想得起他，再沒有任何一個人懷念他、需要他時，他才會澈底死去，永遠消失不見。

這個設定，生動展現了一個我們無法忽略的事實——**當你被別人需要時，你才有價值**。我做職場諮詢時，經常會遇到一些職場新人表達他們的困惑和沮喪：「投了上百份履歷，回應者寥寥，甚至都沒有面試機會！」、「薪水要求一降再降，我甚至都表示試用期可以不要薪水，他們還是不要我⋯⋯。」

從表面上看，他們是因為找不到工作而苦惱；再深一層看，他們的沮喪更來自於對自我價值的否定：「沒有一家單位需要我，原來，我真的有那麼差？」

馬斯洛著名的需求層次理論裡，將人的需求分成五個層次：生理需求、安全需求、社交需求、尊重需求和自我實現。這裡的被需要感對應的，是第四個層次——尊重需求。

人是社會性動物，不可能離開社會孤立存在。被需要感其實是判斷自身存在感的一種方式。**當我們「被需要」時，實質是希望贏得他人的尊重，藉此獲得價值感和自信心**。反之，當你不被需要時，便很容易感到沮喪。這也是老匡即便拿著高薪，也要憤然離職的根因。

凡事過猶不及。生活當中，我們也會看到很多人，因為過分在意被需要感，走向了另一個極端，我的前同事小沙就是個例子。她為人熱情外向，經常主動幫其他人做事情。比如，幫同事點餐、協助大家處理工作事務，甚至經常陪他們加班數個小時，即便那完全不是她自己分內的事，很長一段時間裡，小沙樂此不疲。

她習慣將別人的需求放在很高的位置。似乎只要滿足了對方的需求，就能換來肯定和贊賞，於是便持續、不自覺的取悅他人，從來不懂得說不。交了男朋友，也總是遷就另一半的各種要求，不斷讓步，還總擔心對方覺得自己做得不夠好。

後來，小沙發現，同事們對她的付出習以為常，似乎也並不感恩，甚至還會因為她某些事情做得不到位或做得過了而責怪她；她的男朋友時常嫌她煩，說她事事都要插手令他毫無自由，後來提出了分手。

小沙鬱悶又憤怒，她哭訴同事不識好歹，男友忘恩負義。她的情緒起伏不定，一度陷入否定與迷茫中，小沙這種情況，便是過分在意被需要感，屬於典型的討好型人格。

想透過持續不斷的付出來獲取滿足感，在內心深處期待對方能全盤接受自己的付出，甚至獲得對等回饋。一旦對方提出異議或拒絕時，便會覺得深深受挫，認為對方不把自己的好心當一回事，完全沒有良心。

這樣的思想，本就是一種錯。她很容易會讓自己從一個不懂拒絕的濫好人，變成過度付出卻無法收到回報的抱怨者。無論哪一種，都過猶不及，都不可取。

向外看，延伸工作的意義

職場上，我們經常會說一句話：**不是位置決定你的心態，而是心態決定你的位置**。如何合理看待被需要感這回事，為你的升職加薪之路添加助力？我想分享三點看法。

1. 向外看，延伸工作的意義。

很多基層工作者經常吐槽：「我薪水低、工作重複又瑣碎，整天被牽著鼻子走，就討口飯吃而已，哪來什麼被需要感？」你的眼睛只向內看，看到的當然僅僅只是你的工作本身。

如果你是個開小吃店的，每天負責炒菜，來來回回只炒四樣。從單純的工作屬性來說，確實太無聊了。但若是眼睛向外看，能看到大多數顧客稱讚你做的菜，或者對你的菜持續提出意見，讓你不斷改進。你積極參與他們的互動並收集反饋，或許便會讓你跳脫出來，更有動力持續往下做，甚至能做得更好。

2. 懂得界限感和分寸感，杜絕做職場濫好人。

前文提到的小沙，就屬於全然缺失了界限感和分寸感。什麼都接，什麼都做，把自己打造成了一個不會說No的職場濫好人形象，大家習以為常絕不會心生感激，只會覺得那是你本該做的。

正確的做法為積極主動、樂於助人，但要知分寸、守界限。以下有三個關鍵點。

第一個是只幫緊急重要的：這件事情對別人確實利益攸關，你關鍵時刻伸出援手，對方才會記得住；第二個是只幫力所能及的：這件事在你能力範圍之內，而不需要再去假他人之手。或者是你需花極大精力和時間才能勉強完成，還不一定做得好的事；最後則是只幫值得幫的：每個人的時間都很寶貴，什麼人都幫，這叫沒有原則。自己累不說，也不能獲得你真正珍視的人的心。對方會想說，反正你對大家都一個樣。

3. 在親密關係中形成依賴和共生。

韓國電視劇《請回答一九八八》裡有一個情節：

男主角之一狗煥的媽媽要出門幾天，回來後，發現狗煥和他爸不僅沒有像預料中一樣，把屋子弄得一團糟，還收拾得井井有條。

狗煥以為會因此得到表揚，媽媽卻一臉失落。爸爸秒懂，故意大喊要媽媽去廚房幫忙，媽媽立刻神采煥發，一邊抱怨一邊開心的幫忙。

狗煥趕緊大聲說：「媽媽我想吃妳做的菜。」媽媽白了他一眼，也是一邊抱怨，一邊更開心的去做了。

媽媽在最初為什麼失落？因為看見整潔的房間，她感覺到自己似乎不被需要了。

不管在生活還是職場，真正的親密關係，一定是種依賴和共生。我被工作需要、被同事需要，我的價值得到認可，這樣的滿足感，和金錢與工作量無關，而這種依賴和共生，會讓人上癮，充滿意想不到的能量。

08

一句口頭禪，暴露了你的職場弱勢

有次去姐姐家，剛高考（類似臺灣學測）完的外甥女正在緊張的對照答案估分。她時不時嘟囔一句：「我就知道這題應該選C！」表姐耷拉著臉坐旁邊，聽她這樣說了三、四次後，沒好氣的說：「我要妳多檢查幾遍、仔細點，妳偏不聽還提早交卷！我早就知道一定會這樣！」

外甥女嘟著嘴，眼淚在眼眶打轉，我趕緊拉她去吃飯。她悄悄跟我說：「我媽總是這樣！她之前明明說該交卷就交，沒必要耗著，現在又說什麼我早就知道，你說討不討厭？她那麼厲害她去考呀！」

我笑著寬慰了幾句。事實上，她說「我就知道這題應該選C」和表姐說「我早就知道一定會這樣」，是完全相同的心理。

心理學上有個專有名詞叫後視偏見。指的是一件事已經有結果後，無論之前有沒有做過預判，都會產生自己「早就知道了」的一種偏見。很多人會因此而扭曲記憶，認定事情發生前，自己本就是這樣想的。即我們俗稱的事後諸葛亮和馬後炮。

「我早就知道」，這句話百害無一利

根源上看，這是一種自我寬慰的利己心理。如若形成習慣，凡事開口閉口就以我早就知道自居，不僅會招人厭惡，更會嚴重阻礙成長。

朋友老姜之前跟人合夥創業，做了快一年。期間業務拓展得很快，盈利也不錯，但他最終選擇退股離開，另起爐灶。提及原因，老姜說，主要是有點受不了合夥人。

不管在客戶還是員工面前，這個合夥人總把自己扮成一個全知全能的角色。事情成功，他一定會說：「看，我就知道能成！我這天生的市場洞察力還是很敏銳的！」如果失敗，他也會說：「你看，我早就知道幹不成的。你們非不聽，就是一意孤行，現在搞得亂七八糟！」老姜很不明白，明明是一起決策的事情，你這麼厲害，早幹嘛去了？老姜私下跟合夥人多次溝通，但徒勞無功。對方並不覺得有問題，反倒每次都會揪住結果作為論據，對老姜大加指責。老姜心灰意冷，以退出告終。

像老姜的合夥人這種心理，就屬於典型的後視偏見。這類人的內心，最核心的邏輯是：如果事情辦成了，肯定是自己的功勞；如果辦不成，一定是別人或外部環境的錯。

大家一定很熟悉這樣的場景：週末幾個朋友相約爬山。若意外發現沒見過的美景，就會有一個人立刻跳出來說：「看，我早建議來玩，看到意外驚喜了吧！」

如果突然下雨了，也可能馬上會有人說：「我早知道要下雨，你們非得出來折騰！」

又或是一群人，一起做PPT上交給老闆。如果得到了表揚，有人會說：「我就知道老闆喜歡這種風格！」如果被批評，口徑就會變成：「我早知道老闆不喜歡這種配色，你們就是不聽！」

成功搶功，失敗甩鍋，背後透出的，是滿滿的利己與自負。這樣的人，注定難以獲得別人的尊重和認同。前兩天在前同事社群，看到他們在熱烈討論一個有關階層固化的問題。

一名同事旁徵博引，舉了一大堆名人案例：任正非和華為現在這麼厲害，你們可知道他岳父曾經是四川省副省長？中國電視節目主持人楊瀾厲害吧，你們可知道她老公是香港亞洲電視營運總裁？SOHO中國董事長潘石屹一直說：「不管做什麼行業，只要純粹就好，人就怕不純粹」，你們可知道他的發跡點，是從跟女富豪結婚開始的？

這名同事最後總結：「所以，階層固化就是事實，山雞變鳳凰、白手起家的事情，是根本不存在的。」他還進一步延展了結論：「像自己這種無關係、無背景的人，創業失敗正常不過，不如打工更實在些。」

那一刻，我覺得他彷彿上帝一般無所不知。他在等著名人們那層不為人知的關係浮出水面，然後能立刻洞悉世事來上一句：「你們看，我早就知道。」可是，名人們在成功之前，你怎麼不提前告訴我們？基於別人已有的結果，去倒推出一個讓自己能夠接受的原因，這樣的人是很難以公平客觀的眼光看待他人，也不可能反省自己的問題。

正如芝加哥大學商學院教授奚愷元在《別當正常的傻瓜》一書中所說：**「有後視偏見的**

人總在事情發生以後，覺得自己當時的預測就是對的。所以，他們也難以從以往的失敗經驗中，學習真正有用有價值的東西。」習慣後視偏見，對成長百害而無一利。

在生活與工作中，我們該如何避免讓自己產生後視偏見的心理？我想分享兩點建議。

1. 提前留檔。

江江說過一個故事，她和合夥人曾打過一個無聊的賭。她們公司曾有兩個同時入職的新員工，後來成了男女朋友，江江跟合夥人賭這對小情侶半年後的狀態。為確保公平，她倆各在紙條上寫下預測，並鎖進保險櫃。江江寫的是「無疾而終」，合夥人寫的是「關係依舊，有一個離職」。後來事實證明，她倆都錯了，半年後，小情侶沒分手也都沒離職。

提前寫下預測的結果，有文字留檔能避免任何一方在事後說：「你看，我早知道……。」工作中，我們要求開會必出紀要，專案進展必發郵件，其實同理，既是留檔也防矛盾激化。

2. 覆盤時，以「假如我們當時」代替「我早就知道」。

要做的事情如果最終失敗了或者跟預期不符，為了下次能做好，我們需要做覆盤。一個好的覆盤，絕非互相埋怨更不該甩鍋，而應聚焦調整方案。你不一定需要主動去攬責任，做背鍋俠，但若能以「假如我們當時」這樣的口吻開始，而不是用「我早就知道」來說的話，結果會大不同。

我們簡單比對一下：「假如我們當時把A、B、C這幾個要素也考慮進去，可能就不是今天的結果了，對我們來說，這是個教訓。」跟「我早就知道沒把A、B、C考慮進去是犯傻，看看吧，是不是被我說中了？」前者誠懇，而後者只會讓你咬牙切齒甚至動手打人。

電影《復仇者聯盟四》（*Avengers：Endgame*）裡有個很熱血勵志的情節：最後與薩諾斯的終極大戰中，美國隊長一把抓住了雷神的錘子，用它將薩諾斯揍了一頓。

雷神興奮大叫：「I knew it!（我早就知道！）」這個哏，對應的是《復仇者聯盟二》（*Avengers：Age of Ultron*）裡，所有英雄都舉不起雷神的錘子，唯有美國隊長將之稍微晃動了一下，引起了雷神的注意。

同樣是「我早就知道」，為什麼雷神說出口不會讓觀眾和美國隊長反感？原因很簡單：側重不同。抱持後視偏見的人，說這句話的側重永遠在自己，要嘛自己屌，要嘛我沒錯。而雷神這句話的意思顯然是，我就知道你夠牛，你一定能辦到！換個側重，試著學會欣賞別人，我們也可以把「我早就知道」，變成一句人人愛聽的好話。

第三章 偉大不是管理別人，而是管理自己

持續成長的你，一定不會被時代淘汰，不會變成自己討厭的模樣。這樣的你，無論走到哪裡，都只是為自己打工。

01 為什麼高敏感的人容易成功？這是我聽過最好的答案

這幾天跟溫蒂的老主管、分部老闆安藍一起吃飯。安藍主動談起溫蒂，說溫蒂成長很快，現在獨當一面帶領著一個部門。兩年前，應安藍的邀請，我到她的公司做管理講座分享。溫蒂很認真，得到了最佳學習獎，獲得了安藍送出的小禮物，與跟我的一對一諮詢。

我記得她在諮詢時很羞怯，談到困擾自己的問題時，局促不安。她說，公司二十多人分成三組，都在一間開放式辦公室，每個人的空間不大，位置由半高的遮板隔開。雖然坐下就看不到同事，但隔壁的說話聲會傳過來，很多時候，溫蒂都能感覺到強大的噪音，這讓她沒法集中注意力。

前排的幾個同事，特別喜歡談論綜藝八卦，常常是一有人開了個頭，他們就停不下討論與歡聲笑語。有一次，溫蒂在進行一個重要客戶的電話採訪，隔間的小伙子竟然在說黃色笑話，笑聲震天。這讓溫蒂非常尷尬，她死命捂住話筒，生怕話筒裡那方的客戶聽到會反感。

這種情況，讓溫蒂不適又難受，她試著跟同事提過能不能小聲點，但收到的是不理解、看怪物的眼神，又因為她不愛參與討論，被大家在背地裡罵矯情、做作。她也不知道怎麼跟老闆說，因為她怕會被老闆說她太敏感、太玻璃心。

「有時候，我也會想，我是不是有病？為什麼人家都不是這樣，而我從小就特別在意這些？」溫蒂的問題其實正出在敏感。她不是矯情，也不是玻璃心更不是生病，她只是高度敏感而已。

像《紅樓夢》裡的林黛玉，敏感心細，說話犀利刁鑽，不好相處。大家都普遍認為林黛玉是個刻薄、小心眼的人。其實，林黛玉是高度敏感者。

高度敏感人群有很多，**世界上有一五%至二〇%的人是高度敏感者**，我們周圍每五至六個人中，就有一個高度敏感者。包括安藍也是。

我鼓勵溫蒂把自己的困境向安藍陳述，並告訴她安藍一定會處理好的。果然，同樣曾經身受高度敏感之苦的安藍在傾聽了溫蒂的煩惱，以及我的建議之後，很快就解決了問題。她在徵求溫蒂同意後，在自己辦公室外的空地，簡單做了裝飾，形成一個小隔間。溫蒂離開了員工的大辦公室，在這兒獨自辦公。

正因為溫蒂的新位置在安藍的辦公室外，距離老闆近，做了不少事，無形中得到了非常多的鍛鍊機會。為後來升作安藍的助理、被總部挖走奠定了良好基礎。溫蒂遇上安藍，很難得。她這種對環境、空間敏感的高敏感者能得到一個自己的獨立空間，更難得。

但在現實生活中，很多高度敏感者往往是無法求仁得仁的，那麼他們該怎麼辦，該如何在職場中生存？

高度敏感者的與眾不同，是一種優勢

「你臉皮別這麼薄行嗎？」、「你得調整自己，你得適應環境。」、「你能不能不要這麼認真？」、「你太脆弱了，真是玻璃心！」別人是不是常常對你說這些話？

在平常的生活中，你總是對一些微不足道的事情久久不能釋懷，你容易受到外界的干擾，常常感到力不從心，一件小事就容易把自己搞得心煩意亂。遇到問題，身邊的朋友都覺得沒什麼、不在意，而你卻用了很長時間才恢復平靜。

如果你表現得與眾不同，就會有人說，你真矯情、真敏感、真神經質。但請相信我，他們說的都不對，你只不過是高度敏感而已。卡特琳•宗斯特（Kathrin Sohst）在其著作《柔軟的勇氣》（*Wie Sensibilität zur Stärke wird*）中說，高度敏感是指感知力敏銳。與一般人相比，高度敏感的人在質量和數量上能感受到更多的刺激和訊息，並且可以更深入加工它們。高度敏感的人天生有一種特殊的神經系統，能夠深入感知並處理受到的刺激，他們擁有一顆細緻入微的心，感覺靈敏。高度敏感，是一種特質，它是天生的並由基因決定。

舉幾個例子，就能感知生活中高敏感者的狀態。例如，對氣味敏感。在地鐵中，混雜著各種氣味，如果是狐臭、口臭、劣質香水等，會讓對氣味敏感的人士感到無比難受和辛苦。如果有盤腿脫鞋，散發腳臭的，高敏感者就已經完全沒法忍受了，就算脫離了那個充斥惡劣氣味的環境，不適的味道貌似仍然會停留在鼻間。

又例如，對聲音敏感。乘坐過夜火車，乘客的鼾聲會令高敏感者輾轉難眠，甚至連火車跑在鐵軌上的匡噹匡噹聲，也能令高敏感者睡臥不安。

對情緒的敏感。很多人在失戀後，會難受一段時間然後就慢慢痊癒。但高敏感者總是被情緒左右，不管是否願意，眼淚就是止不住的流，很難再感到輕鬆。

瑞士高度敏感研究所所長布莉姬特・古斯特（brigitte küster）指出，高度敏感者有三個明顯的標誌：喜歡舒適的環境；受到刺激後會產生過激反應；接受刺激後，需要很長時間才能恢復。從上述三點中，能看到高敏感者在生活中的劣勢。

他們當中的某些人，甚至會因為過度刺激導致整個人變得具有攻擊性。高度敏感者給自己帶來許多煩惱和痛苦，高度敏感似乎是一個缺點；但恰恰相反，在現實生活中，具有高敏感這種特性的人，往往有極大優勢，為什麼這樣說？高度敏感研究者伊萊恩・阿倫（Elaine N.Aron）用「DOES」公式概括了高度敏感人士的主要特徵。

D：代表Depth of Processing，即訊息處理的深度。

O：代表Easily Overstimulated，即在受到過度刺激方面，高度敏感的人比一般人更容易也更迅速。

E：代表Emotionally Reactivity and High Empathy，即在感情方面易受觸動。高度敏感的人對積極的刺激反應更強烈，對消極的刺激反應更深刻。

S：代表Sensitivity to Subtile Stimuli，即高度敏感的人可以感受到非常細微的刺激，而這些刺激是一般人感受不到的。

透過這四個特徵，我們可以感受到高敏感者在許多方面的感受力，是普通人所不能達到的，我們來看幾個例子。

特徵O型的人：前幾年，我看報導說有個媽媽跟孩子在家裡，孩子突然說有煤氣的味道，但媽媽使勁聞還是沒有聞到。她當時一邊打電話，一邊發郵件給公司，手忙腳亂，她認為是孩子過於敏感。但後來，孩子執意到廚房去看，原來是湯灑出來導致火被滅了，於是廚房中就有煤氣味。此例中，高敏感的優勢，在於一種自帶的安全警報。

特徵S型的人：我們熟知的豌豆公主，能在睡覺時感覺到壓在二十張床墊及二十張羽絨被下的小豌豆，像她這樣的高敏感者，就可以去做這一類檢測工作。

作者卡特琳本身是一名高度敏感者，她曾經受困於自己的過度敏感，如今她突破困境成為高度敏感性研究專家，幫助許多人走出困境。她鼓勵高度敏感者利用自身敏感的特性優勢，發揮敏感的力量，做內心強大的自己。

所以，凡事都有兩面性，高度敏感人士也有著無可比擬的優勢。

三個發揮敏感力量的策略

如何利用天賦，轉化成其他人沒有的優勢力量，找到真正的自己？我想分享三個策略：

1. 向內審視，遵循本心。

坦然接受自己是高敏感者，並把注意力放到自己的潛力與優勢上。接受自己的感知方式，承認人與人之間的差異。沒必要因為自己的與眾不同而喪氣，也允許他人的不理解，接受每個人的認知是不一樣的，不用強求一致，原諒自己和他人。

堅持自我，不要活在別人的期待和評判中，擺脫受保護和對立的姿態。將注意力集中在當下，不要被其他因素困擾，有自己的目標並找到內心的滿足感。

2. 真實透明的表達自己。

把所有能讓自己變得強韌的因素都融入生活，想一想，你可以以何種方式、在哪裡、和誰在一起獲得力量？需要什麼事物來讓自己過得更好，讓自己能夠時常充電？

學會非暴力溝通，在溝通中告訴對方自己的觀察，說話客觀描述，不帶情緒，真實透明的表達出自己的感受，讓對方了解自己。

比如前文提到的溫蒂，就完整的向安藍表達了自己的想法。如果你遇到的不是像安藍這樣的主管，也應該做一次嘗試。畢竟，不溝通，你的主管就永遠無法得知你處在一個難以忍受的環境中。如果碰上無法理解的主管，又實在無法忍受，可以考慮換一個更有利於自己的環境。

但不管結果如何，都應該提出自己的狀態與訴求，這樣對方也更容易理解並做出回應。溝通，其實只不過就是雙方在尋求一個平衡點。

3. 接納壓力，積極運動。

高度敏感者因為敏感，更容易感到疲倦。充足的睡眠，實行健康的生活方式，運動鍛鍊，更有利於恢復精力，調節身心至最佳的狀態。

在實際生活與工作中，高度敏感有利有弊，這可以成為你的負擔也可以成為你的優勢。你不需要改變自己和適應環境，只要勇於認識、接納自己，努力保持內心平靜，聚焦當下，發揮潛能和優勢並清醒對待生活中的各種挑戰就好。

誠如卡特琳告訴我們：「與眾不同不是一種負擔，它是造物者的禮物。不要再自我懷疑，是時候換種生活方式，不要再乖乖聽話。我們的人生就是要摒棄各種干擾，利用自身的感覺天賦，活出真正的自己，讓自己敏感、溫柔而堅韌！」

02 工作多年都沒晉升？這三種人應改變自己

前同事小朝來找我訴苦，說自己工作六年，每天任勞任怨、早出晚歸，主管卻對他的努力視而不見。他羨慕又憤憤不平：「你看，你們升職的升職，創業的創業，都混得有聲有色。我呢？現在還在公司最底層，薪水拿得最少。

「我們主管總嫌棄我慢，難道就沒看見我的努力？龜兔賽跑裡的烏龜夠慢了吧，可最後還不是因為努力奪得了冠軍。」

我想了想，並說：「你有沒有想過，**龜兔賽跑的故事，其實不是說給烏龜聽的**。它並不是表達努力就能得冠軍。」小朝聽了，明顯愣了愣，說：「什麼意思？那是講給兔子聽的？」我點點頭：「對，**龜兔賽跑這個故事是告訴兔子別睡覺，要汲取教訓。下回再跑，它只要不出現意外狀況，是肯定能贏烏龜的**。畢竟，沒有天生比兔子跑得快的烏龜。」

小朝困惑的問：「你的意思是，努力沒有用？」我說：「努力當然有用，但一隻正常的烏龜在一隻正常的、不睡覺的兔子面前，沒用。所以你的努力，不能用龜兔賽跑來形容。」

總有人會有一種錯覺，認為自己只要付出足夠長的時間，肯吃苦，就會有回報。可是，投入的時間並不能和成功直接畫上等號，幹活時間長短不是衡量一個人努力與否的標準。

小朝委屈，覺得自己的努力主管總是看不到。其實，他的主管也委屈，這種低耗努力型的員工，往往是有毒員工。

不要做「越努力越無幫助」的員工

《最有生產力的一年》（*The Productivity Project*）曾提到，高效能的三要素是時間、能量和注意力。

而在這三件事上栽跟頭的員工，往往就是越努力越有毒類型，也往往最讓主管們無奈。那麼，這三種有毒員工怎麼分辨，他們有哪些表現？簡單來說，就是四個字：不會管理。

1. 不會管理精力，只做線性努力。

線性思維是一種直線的、單維的、缺乏變化的思維方式。從本質上來說，這是一種從自我認知出發的思維模式。

具備這種思維模式的人，在生活與工作中，如果想要做到一〇％，完全可以透過努力換得。但如果想突破甚至超越一〇％，線性努力就不太能做得到。

醫療紀錄片《人間世》裡有個叫徐曉明的擔架員，日常工作是把患者抬上救護車，送往醫院。由於每天工作強度大，徐曉明總是幹得筋疲力盡。看到身邊不少同學賺大錢，自己卻很辛苦，徐曉明因此感到不滿足想跳槽。但他媽媽對他說，別想那麼多有的沒的，踏實努力幹下去吧，只要做好這一件事，以後什麼事都難不倒他。

在醫療系統裡，擔架員不屬於專業技術人員職稱系列。與臨床醫生相比，擔架員業務單一，職位上升空間幾乎為零。也就是說，即使徐曉明再努力、再認真，他所拿到只會是上文說的一〇%，這已是他的收入天花板。如果他想像同學那樣賺取更多財富，徐曉明僅僅依靠每天重複又重複的線性努力，是賺不來的。

2. 不會管理注意力，就是在無效用功。

松浦彌太郎在其著作《思考的要訣》中說：「其實，只要認真起來的話，你能在三個小時內持續專注於某一件事。」

管理注意力，就是提升專注力。這是一種專注投入做某件事，從而獲得愉悅感體驗的能力，它可以看作是一種心流的狀態。什麼是心流？心流就是當你特別專注做一件目標明確而又有挑戰的事情，而你的能力恰好能接住這個挑戰時，可能會進入的一種狀態。

小孩子專注力的缺失，最典型表現是寫作業時玩手、轉筆、摳桌角，注意力不能聚焦在學習上；成人缺乏專注力，更多體現在每分每秒，忙於應付外界的各種干擾。

所以，注意力管理最能檢驗一個看似一直忙忙碌碌的員工，是真努力並進入了心流狀態，還是無效用功，只是在做做樣子。

3. 不會管理時間，缺乏價值成本思維。

一個人可以在十分鐘內看完一份報紙，也可以看半天；一個大忙人二十分鐘可以寄出一大疊明信片，但一個無所事事的老人可以花一整天找明信片一個鐘頭、尋眼鏡一個鐘頭、查地址半個鐘頭，寫問候的話一個鐘頭又十五分鐘……。

以上，是有名的帕金森定律。該定律表明，只要還有時間，工作就會不斷擴展，直到用完所有的時間。換一種說法就是，工作總會拖到最後一刻才會被完成。

俄國小說家托爾斯泰曾說過，「人生的價值並不是用時間，而是用深度去衡量的」，如果不**精於管理時間，就會拖延、忙亂，時間成本耗費越高，質量產出越少，價值也就越低。一旦在錯誤方向上進行了無效努力，你所謂的苦，就不值一提。**

用線性圖杜絕無效努力

在工作上，如何不拖延、不怠慢，杜絕掉無效努力呢？有兩個行之有效的努力策略，供你思索。

1. 從線性增長到複利成長。

低效的線性努力帶來的是線性增長，而高效努力則是複利成長思維模式。線性收獲只能維持一段時間，不管你再怎麼努力，你的收入都只能得到線性的增長（參考圖十）。

這個時候，你要解決困境，需要複利成長（參考圖十一）。

複利思維的本質是做事情A會導致結果B，而結果B又會反過來加強A不斷的循環。正如對折一張紙，每一次都把之前的結果翻倍！馬東從央視辭職後，進入愛奇藝，打造了一檔火紅節目《奇葩說》。

如果他一直是圍繞節目，繼續鑽研、改進，爭取綜藝獎項，帶領這節目一條道兒而走到黑，那他收獲的成果就是線性增長；但馬東沒有這樣做，他在這條線做到極致之後，迅速另起爐灶，建立了米未公司並拓展了《好好說話》、《職場B計畫》等知識付費單元。馬東具備的，就是複利成長思維模式。

再比如公眾帳號「十點讀書」，在藍獅子財經圖書出版人吳曉波的指點下，主動降低廣告收入占比，做好了公眾帳號矩陣這條線後，發展知識付費這條線。多線

▼ 圖10　低效努力帶來線性增長

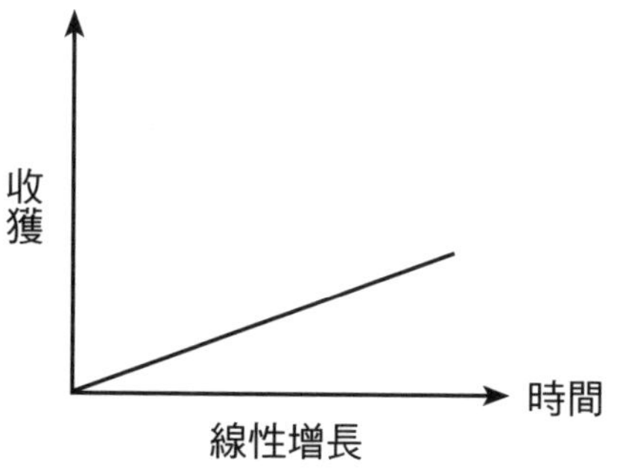

▼ 圖11　高效努力帶來複利成長

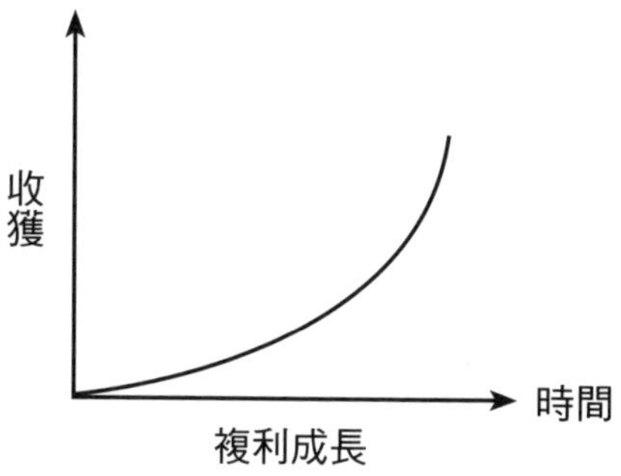

交匯，形成複利。

所以，複利成長模式通常是一種螺旋向上的方式。只要你願意持續努力，最終努力的成果會非常顯著。財富的積累也是如此，極少的資金經過不斷重複利滾利，長時間下來也會是一筆很可觀的資金！

2. 從對數增長到指數增長。

在對數增長模型中（參考圖十二），一開始，技能的進步速度非常快，隨著時間的推移，斜率趨緩，進步的速度越來越慢，最後到達停滯期。後面你花再大的時間，也幾乎沒有任何進步。生活裡有很多這樣的例子。比如，我們在一定的時間內學會了學騎自行車，但你要是想成為專業車手，那得花更多的時間，做更周密的計畫與執行。

還有體育運動、英語學習，都屬於對數增長。你開始鍛鍊的前幾天，進步神速，但過段時間穩定下來，再想進步就沒那麼容易了，想成為職業的體育選手更是難上加難；花了幾星期，英語很快就摸著門道，但要像本地人那樣道地順暢的表達，也很難。對數增長模式最困難的點是突破不了。

所以，想杜絕無效努力，就要好好管理你的注意力，持續專注在你認為困難的事情上，走出舒適區並刻意練習。

▼圖12　對數增長圖

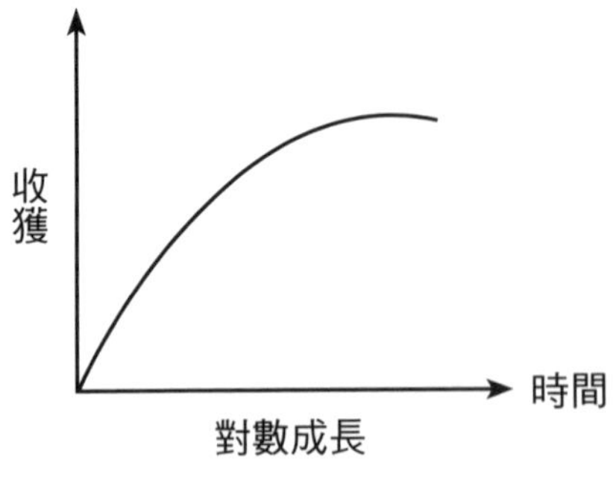

相對於對數增長，指數增長是一種漸入佳境的高效努力模式（參考圖十三）。

圖中，曲線長時間平緩，代表收獲隨時間推移幾乎沒有增長，但到達某個時間點後，曲線突然變陡，代表技能增長越來越快。企業成長就屬於指數增長模式。

前期長時間人少事多，各種困難，沒錢沒人沒戰略。熬過長時間，突破臨界點後，飛揚起來，大眾才得以知道。一夜間，這家企業崛起了。華為是這樣，傳奇老人褚時健（雲南褚氏果業董事長）所投入的褚橙也是這樣。技術進步、科研、個人財富增長，都屬於指數增長模式。指數增長模式最困難的點是熬不過去，長時間看不到希望，就退出了。

▼圖13　指數增長圖

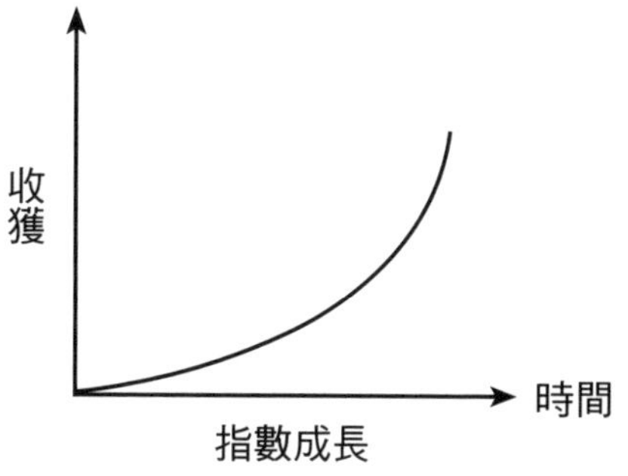

所以，杜絕無效努力的方法，是你得分解任務。在時間內，有目標、修正性的攻陷，長期堅定執行才有收獲。對數增長的缺點是容易看到天花板，指數增長的缺點是容易放棄。前者回報快，後者的成功會有破繭成蝶的感覺。兩者都需要用對方法，高效努力。

無論是運用哪一種成長模式，合適自己的才是最好的。誠如作家小岩井所說：「真正的努力，應該是一種明白自己在做什麼，又能時刻投入在當下和其中的自控力，並非內心的煩躁和表面的廢寢忘食。」

03 人生沒有懷才不遇，只有眼高手低

之前，有一條關於求職的微博貼文很紅。一位林姓博主發帖子說，自己公司的HR面試了一位應徵前臺工作的應屆生。

在得知前臺不用負責行政，薪資可能不會太高後，小姑娘說自己要求並不高，然後淡定拋出兩萬元薪資要求。林姓博主作為一個旁聽者，都淡定不了，當場問了一句：「兩萬？您是認真的嗎？」小姑娘答覆：「是啊，很認真啊，我是名牌大學畢業的，所以我認為兩萬並不高。」

震驚的HR說：「我們發布的時候，這個職位的薪資是三千至五千元，我想您可能看錯了……。」小姑娘立刻反駁：「但是你們發布的時候，還有一條是有能力的話，薪資面議，我覺得我有能力。」

林姓博主忍不住又問：「那您知道前臺都需要做些什麼嗎？」小姑娘依舊自信滿滿：「前臺就是接待訪客、做些登記，其他的難道不是行政要做的嗎？如果前臺加行政的話，我認為我可以要求兩萬五千元……。」

最後，HR在十分鐘內，結束了與小姑娘的對話。林姓博主說，她在微博上分享這次經歷，是憂慮當下的應屆生存在著對薪資要求過高的問題。的確，年輕人肯定自我，敢於主動出擊、直言表達的同時也要看到另一面；資歷尚淺的應屆生，擇業觀如果脫離現實，一味拔高，就有可能導致擇業的失敗。擇業期望值，是擇業目標能否實現的關鍵。

薪酬不是依你的能力判斷，而是別人對你價值的認可

TED演講的〈認清你的價值，爭取應有的價格〉中，專業定價顧問凱西・布朗（Casey Brown）告訴我們，**跟老闆討價還價的關鍵是估值定價。沒有人會按照你真正的價值，付你薪酬，老闆們只會按照他們對你的估值來定價。如何讓別人認可你的真正價值，並給出你滿意的薪酬？**

像上文中的小姑娘那樣，僅靠說我覺得我有能力，是辦不成事的。這場演講中，提到了四個重要問題。第一個是公司需要什麼，我如何幫他們實現？第二個是我與別人相比，獨特的專長是什麼？我能提供什麼服務，是獨一無二的？最後是我能解決什麼問題，為公司增加多大的價值？

當凱西將四個問題梳理清楚，並根據自身能力所達到的程度，填寫完匯總成提價方案交給老闆後，她很快得到了她想要的價格。

很多時候，你的價值不由你判斷，老闆的估值、認可才是定音之錘。做新媒體之後，我認識了很多編輯和作者，聽到了各種故事。前一陣子，私交甚好的路路就跟我說了一件她公司裡的奇葩事。

路路是公司唯一的內容責編，任務挺重，負責選題、與寫手聯繫、催稿改稿等文字工作。十二月初重定薪酬標準，她的薪資比繪者、排版要高一些。同事亞輝看到後，在工作群裡憤言，說文章他也有修改，薪酬卻沒有體現。

「我也應該歸入內容編輯，因為也做了文章調整的工作，像語句不通、主語缺失、形容詞贅餘、動詞不準確、成語錯誤使用等，我都幫忙改正。」接著，亞輝在群裡展現他的文學能力，大談新媒體文的寫法。

路路說，其實亞輝是公司請來排版的，負責三個公眾帳號。但他排得一點都不上心，每篇就套個模版，大概花費十分鐘。而自己從選題到出品，期間要跟寫手來回磨稿，常常一篇文需要好幾天時間。他的薪酬已經是自己的三分之一，還覺得不滿。

後來，編輯們在群組裡建議，讓亞輝像路路一樣，自己負責一篇文，從選題到出品。亞輝也像那小姑娘，自信滿滿回覆：「好，可以試試。」我問路路：「結果呢？」路路說：「結果就是他一篇爆文也沒寫過，也從來沒有投稿經驗。他說的那些新媒體文寫法，都是學百度上的套路。老闆說，術業有專攻，他排好版就行。」

沒有老闆是傻瓜，你自以為是的能力，並不能換來期望薪酬。想掙錢，得先值錢。定價

的那個，不是你，而是對你價值認可的人。

在注重能力的時代，學歷只是基礎、敲門磚。作家劉誠龍曾經做過一個很有趣的試驗，他把兩份名單給十個人看，問他們對這些人是否熟悉，為什麼熟悉，結果出人意料。

A名單：傅以漸、王式丹、畢沅、林召堂、王云錦、劉子壯、陳沅、劉福姚、劉春霖；

B名單：李漁、洪升、顧炎武、金聖歎、黃宗羲、吳敬梓、蒲松齡、洪秀全、袁世凱。

結果，十人之中對A名單中，一個都不知道的有七人；對B名單中的大多數人，全都知道。熟悉第二份名單的人，比熟悉第一份名單的要多得多。可是，在當時，A名單的人物比B名單中的人物更輝煌與顯赫！A名單裡，全是清朝的科舉狀元；B名單裡，全是清朝的落第秀才。

兩份名單的簡單對比，說明當初成績不好的，出了社會未必難交出一番成績。學習好，到了社會也未必如魚得水。要達到同樣目標學習不好的，肯定要比成績好的要付出更大代價。進入名校，是拚贏了高考獨木橋的優秀者，但人生有千條路，條條道路通羅馬。只要方法得當，鍥而不捨，不論是科舉失意的秀才，還是高考落第的學子，都照樣可以大展宏圖。

向老闆昭顯自己有匹配野心的才華，最好的方法不是展示學歷，而是展現實力。在《華為與任正非》裡，記錄過這樣一個故事：北大畢業的某新員工，剛進華為就針對公司戰略發展等宏觀問題，洋洋灑灑寫了一封萬言書給任正非。

殊不知任正非毫不客氣的批覆：「此人如果有精神病，建議送醫院治療；如果沒病，建議辭退。」自詡出身名門，想靠一封諫言引起老闆重視，但初入社會，毫無企業管理經驗，也未對公司所處環境、商業模式做深入研究，卻直接妄談公司戰略，無異於紙上談兵。

高薪，傾向理論深耕的高學歷人群，卻更偏愛能幹硬仗的真知實踐派。

人生還長，學歷和能力，是修行路上的一對翅膀

之前看到一則故事，讓人感慨。「棒棒」是對重慶街頭挑夫的特稱，四十六歲的賀東偉可能是學歷最高的棒棒。他自學考上西南政法大學法律本科，是別人眼中的高材生。

但畢業後做了十一年的棒棒，最少時一天只掙十元，卻又是別人眼中的「失敗者」。工友勸他靠文憑找工作，他說：「文憑用不上，就當丟了。」這話，讓人不忍心再看影片。

賀叔的笑容，尷尬又無奈，他說，他可能一輩子都要幹苦力了。不是所有沒學歷的人都混得不好，也不是所有高學歷的人都混得好，但人生那麼長，一切無定數，遠未到結束。

才子陸步軒，曾以高考文科狀元的身分考進了北京大學（簡稱北大）中文系。二〇〇三年媒體報導一篇題目為「北大畢業生賣肉」的新聞，讓他成為輿論焦點。大眾對於他的處境，多用沉淪來形容，堂堂名校高材生竟然去賣豬肉，這太讓人跌破眼鏡了。

他自己也覺得自卑，給母校丟臉。陸步軒曾說：「我還是喜歡研究語言，尤其是對方言很感興趣，其實我最適合去做編輯詞典的工作。」後來，他做了十二年體制內工作，負責編

撰地方志。

當所有人以為他就此過一生的時候，五十歲的他毅然再次辭去公職，重操舊業賣豬肉。如今，陸步軒事業越做越大，年銷售額達十億，從曾經的笑話到今天的神話，行路艱難，苦樂參半。

人生漫長，學歷是優勢，能力是勝勢，兩者一起煽動，才能更快成長。美國影集《權力遊戲》（*Game of Thrones*）裡，獅家的主人泰溫・蘭尼斯特（Tywin Lannister）有句話：「獅子從來不會去問羊的意見。」

未來社會給予人才的平臺會越來越多，競爭越來越激烈，再也不會存在酒香、巷子深。新形勢下，不怕懷才不遇，只怕眼高手低。願你有學歷、有能力，不似羊群，永遠待在一個區域；能如獅子，勇猛尋找獵物，讓才華在合適的平臺熠熠閃光。

04 這五種職場謊言，害你一輩子

職場如戰場。很多人說，不懂點職場潛規則，怎麼摔的都不知道。只是，並非所有看似中肯合理的「潛規則」都要參考，那些被瘋狂轉發、傳揚的人際定律，也未必全都值得借鑑。真正聰明的職場人士，都懂得一入江湖，謹言慎行，遠離職場謊言。

職場如戰場，職場的五大謊言

謊言一：任務盡量準時提交。

上週，剛工作沒多久的堂妹在微信上問我，定時郵件怎麼設置。我教完她後，順口問為什麼要發郵件，她得意回答，這是帶她的師傅教的。「截止時間是明早九點上班前。師父教我，不必提前完成。若真的做完了，也要設置成凌晨三點，定時發出。」我聽得皺眉，問她為什麼要這樣做？

回我：「師父說，一來，顯得我敬業，奮鬥到大半夜；二來，也體現安排給我的工作量足夠，主管不會再給我派額外的活了。」我接著問：「妳這個師傅在公司混得怎樣？」堂妹想了想回覆：「不太好，他人不錯，但來公司四、五年了，好像一直不怎麼受重用。」我嘆氣，阻止了堂妹的行為：「如果妳不想成為另一個不受重用的他，任務既然完成，就別拖到截止時間。現在就發。」

截止時間，在英文裡叫deadline，字面直譯非常清晰，死亡線。**公司設置截止時間，不是表達默許，是表達可容忍的最後期限**。截止時間過了，在職場上是絕對不接受的。而每次都卡著截止時間提交的員工，在主管心裡最多也只是「及格」，不是「優秀」。既然做了工作，又想著加薪、升職、希望更受重用，你只達及格線就可以？

謊言二：給多少錢，做多少事。

最近聽到最多的一句話，尤其出自剛畢業的職場新鮮人：「才給三千元，還想讓我做這做那，想太多了吧！」這句話是沒錯也符合平等原則，只是，可能弄反了。

舉個例子。顧客到超市買東西，發現裡面什麼都沒有。店家振振有詞：「你有多少錢，我才決定上什麼貨。」這時顧客會怎麼想？「真搞笑，我都不知道你有什麼、品質如何，我怎麼知道值得花多少錢？」**對還不夠了解的雙方來說，公司和老闆就是顧客，你就是超市店家。所以，這事其實很好理解，你先充分展示自己有什麼能力，公司再評估付出多少錢。**

誠然，也一定會存在這種情況：某些壞公司和渣老闆，一味壓榨你做事，錢沒給多少。

若真的不幸碰上，那趕緊抽身，另投明主才是正道。

羅振宇曾經講過他一個朋友的故事。這個朋友在雜誌社做編輯，不管編輯任何文章，都只用三個組合鍵：複製、全選、剪下。「多一個，我都不用。」朋友還挺得意的說。羅振宇問：「那你這樣編出來的文章，好嗎？」朋友也承認，當然不好。他知道自己的水平下降得厲害，但是老闆給的錢少，他情願就這麼湊合。越湊合老闆越討厭他。終於有一天，被忍無可忍的老闆掃地出門。

給多少錢，做多少事這種邏輯的真正可怕之處，是它會造成一種自我麻痺和故步自封。表面看來，你好像是不吃虧，因為三千元的月薪，真的不值得為這破公司考慮更多。可你為自己考慮過嗎？破公司哪天不要你，或者倒閉了呢？找下一家繼續混嗎？每一步，都算數。你不是在敷衍工作，是在敷衍自己。

以當前薪資來衡量付出，看似很合理，實則是畫地為牢，封死了自己成長的可能性。我的前人事總監曾說，一個聰明的員工，會嘗試做到職位要求、公司規範、老闆要求。做到前兩點沒人會表揚你，因為這本是你應該做的。真正有附加價值並能有極大機率決定你晉升可能的是最後一點。

謊言三：功高震主，要保持謙卑。

無數歷史故事告訴我們，那些功高震主的權臣沒一個有好下場，我們要習慣謙卑。於是職場謊言應運而生。你絕不能表現得比自己的主管更聰明、搶了他的風頭，否則也就混到頭了。就我多年的職場經驗來看，純粹瞎扯。從做事角度，我們分兩種情況分析一下。

一種情況是小公司，你的主管就是老闆。你工作能力強，表現欲強，怎麼就震主了？難不成還能把公司翻個天，將法人換成你名字？碰到能幹的員工，老闆估計喜歡還來不及，甚至會考慮把你吸收為股東或合夥人，為什麼要壓抑你的才華？

另一種情況則是大公司，你的主管是管理人員。你的主管和你一樣，也是打工的。你負責某項具體工作，他負責管理。你說，不想表現得太突出以免讓他感受到威脅，給你小鞋穿？不好意思，你們的分工都不一樣好嗎？他拿著高你幾倍的薪水，卻和你一樣，來盯著細節，最後還擔心你拿這個去搶功？

若和主管一起向更高層主管匯報工作，自然是主管說，你最多補充細節。你補充得再多、再好，高層主管心裡也是會有一把尺。若和主管一起出去見客戶，你非要視主管於無物，一再搶著說。這也不能稱為功高震主，就是單純缺心眼吧。

在分工越來越細緻的時代，很少會有因為功高震主被休掉的員工，反倒是中層們都在積極培養合適的接班人。只有有人能接下他的工作，他才可以順利獲得晉升。

好好幹活，別太多被迫害妄想症。多跨出一步，多站在主管角度考慮問題。相信我，他們只會覺得，有這樣能幹的部屬，是自己賺了。當有一天，你的本事真震到他，那你離升職也不遠了。

謊言四：我是來學習的。

在前公司時，我曾帶過一個新人小宋。那段時間經常要接待一些外地過來的客戶，忙不過來時我就安排他負責其中幾條線。

小宋有些木訥，我還特地做了行程表給他，並詳細告知對接時的基本話術和注意事項。沒過幾天，小宋來找我訴苦，說他幹不了這事，申請換個工作。我問為什麼，小宋說他不擅長跟人打交道，感覺同事小X挺開朗，應該更合適。

我表示理解，調他回部門做技術工作。過段時間他又說，自己現在做的事很重要，怕出錯，同事小Y經驗豐富，看看能否改為小Y主負責。其後幾次部門會議，我每回安排任務，小宋都說，他覺得某某同事剛才說得特別棒，可能他更適合吧。

我私下找他談，他委屈的說：「我怕做錯事，就想再多學學……。」那一刻我心裡只有一個疑問：「這位同學，你到底是怎麼通過面試的？」之後的轉正考核，小宋是唯一被淘汰的實習員工。

身在職場，學生思維特別致命。我不懂，所以你要教我；我不會，所以退縮或犯錯可以原諒；我想學，所以公司應該提供培訓機會。

對不起孩子，**這是職場，沒有誰有義務必須要教你。真正想學的人，不會停留在一句「我想再多學學」，一定是在具體的工作任務中，為達成目標想盡辦法，尋找差距。**在這個過程中，主管和同事都可以是你的資源，前提是你得自己先真正有所行動，並勇於擔責。

謊言五：職場不可能交到真朋友。

為什麼同窗之誼比較深厚？因為單純、純粹、沒有利益糾葛。所以，就出現了職場上，不可能交到真朋友這樣的言論。畢竟，「我是來工作的，不是來交朋友的」。

中國求職類《職來職往》的嘉賓岳屾山（按：屾音同「深」）說：「在職場上，需要理性的競爭，但我並不欣賞職場中勾心鬥角的存在，因為人畢竟是感情動物。懂得珍惜職場中人與人之間的真情，是值得鼓勵的。」

不可否認，即便你為人善良，也難免會遇到在背後捅你一刀的人，但同窗間互相捅刀的例子，就沒有？如今我已離職三年多，還經常與前同事聚會，與當初一起工作時無區別。

我想，這或許是關注點決定的。**當你把關注點放在做事上，一心只想著如何達到工作目標，那些和你共事過的同事，就是並肩作戰的戰友。**一起加班，一起扛事，喝多了互送回家，就像華為那句讓我一直銘心的話——「勝則舉杯相慶，敗則拚死相救。」有過這種經歷的人，怎會不是真朋友？

中國電視劇《歡樂頌》裡說：「職場如同江湖，江湖有江湖的規矩；職場有職場的原則，如果不懂規矩，只會被淘汰。」

我想說，真正有用的規矩，從不是投機取巧、拉幫站隊、勾心鬥角、審時度勢。不，遠沒有那麼複雜。出色完成本職工作，力所能及的保持清醒；與人為善，避免平庸，持續學習；守住自己，不吝付出。這就是最好的規矩。

哪有什麼必獲價值的成長，成長本身就是價值。持續成長的你，一定不會被時代淘汰，不會變成自己討厭的模樣。這樣的你，無論走到哪裡，都只是為自己打工。

05 跳槽是個技術活，從這四個角度思考

「主管很不好說話，我應該留下還是跳槽？」、「是繼續工作還是去讀個碩士？」、「進入倦怠期，是否要重新開始職業規畫，嘗試完全不同的軌道？」、「想換職位，但剛被拒絕，現在應該怎麼辦？是走還是留？」

多年職場生涯，見過眾多跳槽計畫者，我把他們的情況歸結為三類。跳或不跳的反覆糾結；跳了之後懊悔武斷與短視；最終還是沒有勇氣，一邊倦怠一邊抱怨。跳槽不僅意味著變動和轉換，還是影響今後發展的一項選擇，所以很多人即使工作得一點也不快樂，多次想過要跳槽，最後都沒有跳槽的勇氣，原因大致有兩個。

一個是擔心跳槽後的職場發展比跳槽前的更糟（辛辛苦苦忙一場，結果還不如前一家，會讓人很無奈）。擔心跳槽後的那家，與現在的這家差不多，「才出狼窩又入虎穴」（如果是一坑跳至另一坑，在哪都一樣，又何必折騰）。

再來是**跳槽是一個技術活**。它絕不只是張口這一刻說出的兩個字，也不是衝動之下的簡單轉身。跳槽之前與之後，聯繫起來，是一個系列化進程。例如跳槽的計畫、預判、自我評

估、職位認知、獵頭接洽、面試籌備、薪酬談判、離職程序、職涯規畫、職業道路成長等。

如何判斷自己是不是需要跳槽、什麼時候是跳槽的好時機？在此，我想透過職業生涯價值評估的四個維度，來和你談一談理性跳槽。

運用四維度，判斷要不要跳槽

跳槽的理由各式各樣，在簡體書《完美跳槽》中，就歸納出了二十多種，包括公司政治鬥爭、獎金太少、底薪太低、頻繁出差、天天加班、為了孩子、老闆畫餅、公司調職、企業文化、職業發展等。

在《人生的長尾效應》（*The long view*）中，給出了黃金四問，即職場生涯價值評估的四維度（學習力、影響力、樂趣、獎勵），來幫助我們透過對職業價值的自我評分，考量是否需要跳槽。

每個人的情況不同，權衡就不同。四維度評分可根據個人實際，做出評估。當現有工作的分數遠遠達不到你的期望值，且透過各種協商也還存在差距時，你可以考慮跳槽。

我以A、B、C三人的職業價值評估表來舉例，呈現三種策略，供你思索。

1. 權重相等。

即每個維度都有二五％的權重，依據自身情況來打分（參考下頁表格一）。

A的年度職業價值分數是七百分，是個非常健康的分數；學習方面的九分，可以反映出這項工作能帶給他光明的前景，他正在為自己的將來培養技能；樂趣、獎勵的分值略低，說明工作沒能給他帶來滿足感。

獎勵略低，這就要好好梳理是工作本身薪資就不高還是沒有得到應有的獎勵，又或者是自己的期望過高？有沒有可能透過跟公司談加薪，來改變這一狀況？

2. 權重不等。

雖然B的自評分與A的一樣，但他給自己四維度分配的權重卻完全不同（參考下頁表格二）。

B的年度職業價值總分比A的多了九十分，主要是他認為自己在學習領域有很好的收獲，這是他的職場生涯最有價值

▼ 表格一

目標領域	權重	自評分（滿分10分）	職業價值
學習	25%	9	225
影響力	25%	7	175
樂趣	25%	6	150
獎勵	25%	6	150
年度職業價值總分 700			

的方面。他不太看重工作是否會帶來影響力與樂趣。

對於是否跳槽，他的考慮點在於是否能尋找到能促進其學習曲線上升的新工作和老闆。隨著學習力精進，B很大可能會調整權重，讓分數更加平衡，來保持自己對工作的滿意度。

3. 權重比例大。

C在獎勵方面的權重高達七〇%，他願意減少學習和樂趣方面的追求，以達到經濟上的回報（參考下頁表格三）。

只要能切實得到獎勵，哪怕犧牲其他因素。這樣做，其實無可厚非。只不過，要注意的是因為權重過大，期待值會很高，如果一旦金錢沒有到位，獎勵方面的分數不是現在滿意的九分，而是令自己很不爽的五分，那總分就會降到四百五十五

▼ 表格二

目標領域	權重	自評分（滿分10分）	職業價值
學習	60%	9	540
影響力	10%	7	70
樂趣	10%	6	60
獎勵	20%	6	120
年度職業價值總分 790			

分，這個分值在職業生涯價值中，就顯得過低了。

所以，如果要將某一維度的權重比例設置過高，就應當思索清楚以下三點：一是對於這個維度，你所在的職業環境是否有健全的機制；二是自己對成功的標準是否有清晰認知，並有信心達成願望；三則是一旦最看重的維度沒有達到所想，是否能及時調整，還是變成不可調和的矛盾？是否能確保其他維度一直推進，而不是長期停滯不前？

在職業生涯中，我們應當時常覆盤、反思自己的目標，仔細分配權重。權重的分配，可以且應當每年都有所變化。既不要讓學習力由盛而衰，也不要讓金錢決定你的職業滿足。始終以樂趣、學習為主，

▼ 表格三

目標領域	權重	自評分（滿分10分）	職業價值
學習	5%	5	25
影響力	20%	3	60
樂趣	5%	4	20
獎勵	70%	9	630
年度職業價值總分 735			

讓影響力隨著自我成長與精進，逐年遞增，財富也穩步提高，才是最健康的職業價值評估。反之，一旦與健康價值相悖且你無從調和，那麼就是適時考慮跳槽的時候了。

在實際工作中，如何考慮學習、影響力、樂趣、獎勵四個維度，能更貼近自己情況，更容易做出判斷？我們可以這樣來權衡：

1. 樂趣：觸達內心的工作成就感。

「興趣是最好的老師。」、「熱愛你的熱愛。」等這些話，放到冗長的職業生涯中，並不是雞湯也不是廢話。社會發展到今天，越來越專業與精細化。工作是我們每個人，實現個人價值感與成就感的一種方式。

如果你的工作總是讓你提不起精神，感覺就是在浪費光陰，毫無滿足感與興奮感，那麼你真的需要考慮是否要堅持。選擇讓自己滿足與興奮的工作，會給你帶來更大成就感與滿足感，這正是你需要慎重考慮的跳槽權衡點。

2. 學習＋影響力：能「摸得到」的職業發展機會。

辛苦工作，希望得到的回報不僅僅是心理認同，更重要的是解決吃飯問題。升職加薪是每個人通常的職場追求。然而，遲遲看不到升職機會，就意味著在死薪水上年復一年，這真的很讓人鬱悶。

這時候，你真的就需要好好捋一捋自己的職業發展期了。利用職業發展階段，認真思考跳槽問題，才能做好未來的職場規畫。

職業發展期大致分為兩個階段。縱軸發展期，重在提升學習力，指的是初入職場的頭幾年。這個時候，你要跟自己比，好好提升自我並增加工作能力，努力在行業中冒頭；橫軸發展期，重在提升影響力，這個階段一般是已有五年年資以上的職場人士。這時候，你的工作能力已達到一定水平，在行業內也有一定資歷，可以開始橫向發展與人比較。

如果你在縱軸發展期，不妨堅持，堅持再堅持，一切以磨鍊自己為主。如果處於橫向發展階段，你的上升通道單一，已達天花板，晉升艱難，那麼可以仔細考慮跳槽問題。

3. 獎勵：薪酬之外的職場附加價值。

職場高附加價值主要有幾個方面：具備大視野、大格局的企業文化，能拓展自己的認知邊界；跟牛人在一起的工作氛圍，有優秀的導師做自己的引路人；優質人脈圈，能大幅度提升自己的格局等。

職場附加價值對職場新人尤為重要。初入職場是能力增長的快速期，如果你僅僅只是埋首關注薪酬，忽略附加價值，能力沒有提升、經驗沒有積累、人脈沒有增加，那麼一旦離開平臺，你的個人成長就會有所阻滯。

日復一日，你增長的就只是年資，而不是核心競爭力。所以，**職業生涯價值評估中，獎勵維度除了考慮金錢，也要更加著眼於職場附加價值。**

跳槽，在漫長的職業生涯中是一件重要的事，但也沒有必要太過憂懼。只要認真梳理，深入理解自己的特質和願景，並調整人生步伐，就一定能找到真正喜愛，並能為之創造價值的工作。

06 意志力不足？因為你沒找對誘因

沒有足夠的意志力，往往是缺乏誘因。參加老江婚禮，讓我吃了一驚。他本是個又懶又宅，體重高達兩百四十多斤（約一百二十三公斤）的大胖子。在三、四個月前我們一起吃飯時，他還像座肉山。

沒想到，婚禮上的他，卻輪廓分明，身形勻稱和過去完全判若兩人。老江很得意：「我也就減了六十至七十斤（約三十幾公斤）吧。」我問有什麼祕訣，老江瞅了瞅身邊的老婆，壓低聲音搖頭苦笑說：「我衣服穿XXXL號，她硬給我買XL，說結婚就穿這個，要不就不結了。我這麼懶一個人，能有什麼祕訣，咬牙死磕囉！」我哈哈大笑，原來是老婆放了大招。月減二十斤（約十公斤），真不容易。結婚這事，是老江咬牙堅持減肥最大的動力。

在職場打滾多年，我帶過很多年輕人，發現容易做成事的年輕人，都非常擅長為自己找一個必須堅持下去的具體理由。這種思維模式跟能力無關，生活或工作中，三天打魚兩天晒網是常事。

辦張健身年卡，估計就去頭一、兩週；說要好好讀一本書，大半個月才翻了十頁；打算學一門手藝，三分鐘熱度後，東西開始積灰……多數時候，我們將之歸咎為內因，「能力不行」、「我就是個意志力不強的人」等，事實上，這未必是真相。更多時候，其實是像當初的老江一樣，缺乏誘因而已。

心理學上有誘因理論，指的是能夠引起有機體定向行為，並能滿足某種需要的外部條件。換句話說，外部因素很大程度上會影響決策和行為。某論壇上有句話：「意志力是個好東西，人人都有，就看你有沒有挖掘出來。」

挖掘意志力，靠的便是誘因，若沒有結婚這個誘因，懶散如老江是絕不可能捨得對自己下狠手的。找到那個能真正激發你的誘因，才是令你持續產生動力的重大原因。

持續尋找積極誘因，摒棄消極誘因

電影《復仇者聯盟四》裡，雷神開場就成功斬殺薩諾斯，離開團隊。五年後，他被綠巨人找到，卻已變成一個不修邊幅、身形走樣、只知整天打遊戲的肥宅，令所有人跌破眼鏡。

他失去了繼續前進的動力，薩諾斯死後世界並沒有變得更好。雷神除了消極度日、自我麻痺，似乎也沒有什麼可做的了。但是，當他發現自己依然能操控雷神之錘後，他立刻決定改變現狀。

「I'm still worthy（我依然配得上它）！」對雷神來說，迷失方向是令他頹喪的消極誘因；而重拾榮耀感是令他再次振作的積極誘因。馬雲也是個特別擅長尋找積極誘因的人。創業初期，資金壓力大，他四處找投資人拉贊助，時常被拒。回到公司，他總是跟創始團隊說，今天我又拒絕了三十個投資人，看不上他們。對當時的馬雲而言，維護團隊的信心和戰鬥力，是重中之重。那些在外承受的壓力、挫折，自己消化就好，不足為外人道。

他說，「只要團隊在，他就有信心把公司經營下去，做強做大」。這是他屢屢碰壁也能持續樂觀應對的最大誘因。試想，如果馬雲一回公司就大吐苦水，說又被N個投資人拒絕，公司不知能活到哪天，還會有如今的互聯網巨頭阿里巴巴嗎？持續尋找積極誘因，摒棄消極誘因才能不斷進化並突破自我，甚至對周圍的人產生潛移默化的正向影響。

如何主動尋找積極誘因，改變總是淺嘗輒止的局面？我想分享三個建議。

1. 拓寬眼界與認知。

很多人並非不想找積極誘因，很可能只是不知道它在哪裡。前兩天，我在網路上看到一個提問：「真的很難理解為什麼有的人可以一整年不發朋友圈，也不看別人的朋友圈，到底是怎麼做到的？」很多人在回覆中嘲諷：「真的很難理解，你竟會問出這樣弱智的問題。你喜歡刷朋友圈，別人就一定都喜歡？」

其實，這不就是生活常態嗎？一邊羨慕著別人的八塊腹肌，一邊吐槽人家寡淡無味的健身餐；一邊叫嚷要寫作，一邊一再耽擱，寧可繼續刷劇……。

我想，這是眼界和認知的問題。刷朋友圈這事，可能好玩，但這世上一定還有更多更好玩的事，只是你不知道而已。健身餐或許難吃，但因此擁有一副好身材，換來更廣闊的天地，只是你從沒體驗過而已。經歷越少、視野越窄，越容易陷入偏執，難以看到更美好的事物。不如心態放開些，悅納多方視角，拓寬眼界與認知，有助於突破藩籬變得更好。

2. 用最在意的東西倒逼自己。

小柳計畫寫一則長篇故事，一直各種拖拉沒動筆，最後，她咬牙給自己定了個兩個月內，必須寫完至少十萬字的目標。

為了做到這一點，她拉了個小群組，並放話日更三千字，當天午夜十二點沒交貨，就發五百元紅包。我非常了解小柳，她最大的兩個特點是要面子、摳門。所以，當群組裡其他人等著搶紅包時，我已經知道這事沒戲。果然，她最終順利完成了目標，一個子兒都沒發過。要面子和怕破財，成了對小柳最為有效的積極誘因。

如果你也有這樣一件極待完成但又一直沒做的事，不妨嘗試這個方法。

3. 主動給干擾因素設置障礙。

我的合夥人水青衣本身是個意志力不強的人，她為了屏蔽干擾、達成目標，通常會主動給自己設置障礙。

比如，工作時她會關閉微信，刻意把手機放到較遠的位置。除非電話響，否則在工作完成前一概不碰手機。為存錢買車，她把支付寶和微信裡的錢都提回銀行卡，取消綁定。她大概在控制住一百多次網購衝動後，她半年就把車子首付的錢省出來了。

下決心要減肥，她卸載了美團、大眾點評等App，有效遏制了點餐行為，最終卓有成效的完成了既定目標。

改變現狀、強迫自己去學一件本來不會的事，本身就是個反人性的舉動。一個意志力再強、再能吃苦的人，如果缺乏積極誘因，大概很難有繼續前進的動力。正如網路上那個知名的段子：「數九寒天，到底是什麼支撐著你每天按時早起上班？」是意志力？是對公司的信仰？是自我成就？別扯了，是因為窮！

窮，才是最根本的誘因。因此，為了將來不再窮，今天就認真工作，這才是你最大的驅動力。越成熟的人越擅長找到誘因，以此引領自己不斷進步。

07 你的拖延症，正在毀了你

前段時間跟編輯朋友小菲吃飯，吃飯期間她時不時就要刷一下手機，同時不好意思的說：「對不起啊，我在催稿。有個作者太不讓人省心了，明明給了她充足時間，卻還一直用各種奇葩理由拖、拖、拖！」我好奇問：「都用什麼理由啊？」小菲咂咂嘴，直接把她與那名女作者的聊天內容遞給我看。

原定七月三十日交稿，小菲從七月二十九日開始催，對方說：「放心，明天肯定按時交！」到了七月三十日，對方說：「抱歉啊，我感冒了在醫院打點滴。」隨文字，還附了一張打點滴的手部特寫。八月一日：「我電腦硬碟壞掉啦，正在修理，之前的草稿沒啦。放心明天一定交！」八月二日：「主管突然要我加班做事，太討厭了，晚上給妳呀！」

「每次總是求我延長截止日，我還能說什麼？」我哈哈大笑，非常理解小菲的無奈。其實現實生活裡，我們多數人都很容易產生不同程度的拖延傾向，要想真正走出來，我們需要先了解所謂拖延症，究竟是怎麼產生的。

拖延症不是病，是本能

首先要強調一點，有拖延症並不羞恥，它並不是一種病，而是我們與生俱來的本能之一。因為它是由大腦生理構造所決定的，我們的大腦外部有前額皮層以神經科學家戴維森（Richard J. Davidson）為首的研究課題表明，它的各個部分與我們的情緒息息相關。

簡單來說，前額皮層可簡單畫分為三個部分。

大腦的左側區域負責的是「我要做」的積極情緒，它的主要作用是讓我們在面對枯燥、困難、壓力巨大的工作時，不輕易放棄；大腦的右側區域負責的則是「我不要」的消極情緒，一個新任務擺在面前，這個區域會傾向於首先傳遞一種聲音「別接，怪麻煩的，誰知道有什麼坑」。

這兩個區域就如同兩個陣營相反的小人，它們隨時天人交戰，共同決定前額皮質中間靠下的第三個區域「我想要」的部分。左側區域越發達的人，做事就越有韌性也不易受到外部因素的干擾；而相反，右側區域越發達的人，就越容易淺嘗輒止，傾向於選擇簡單任務，或耽於享樂。

這即是拖延症與生俱來的神經學根因。但這並不意味著沒法改變。早在一九四〇年代，神經學家唐納德．赫布（Donald O. Hebb）就發現了所謂「神經可塑性」，它指的是我們的大腦結構可以隨著生活經驗的增加而改變。

你愛刷朋友圈，是因為這件事相較於其他事更輕鬆、無壓力。因此右側區域會不斷釋放訊號：我不要做其他更複雜枯燥的事，那些事先往後放放；而左側區域也會受影響，相應做出配合：我要繼續做這件事。但當你寫了篇文章意外獲得了讀者打賞，前額皮質的判斷或許就會立刻不同：左側區域會告訴你，這好像是一件更好玩的事。

我們是怎麼陷入拖延症的惡性循環，也可以怎麼爬出來，這同樣是由生理構造決定。日常生活或工作中，我們會因前額皮層右側戰勝左側而產生拖延症，通常可歸為四種核心原因：

1. 帕金森定律。

《帕金森定律》一書的作者西里爾・諾斯古德・帕金森（C. Northcote Parkinson）認為，如果一個人給自己安排了充裕的時間去完成一項工作，他就會放慢節奏或者增加其他項目，以便用掉所有的時間。這樣一來，他往往就會傾向於在截止日期前，甚至超過截止日期，才匆匆去做早該完成的任務。

像是小菲吐槽的這位女作者，便是其中的典型。因為工作關係，我認識很多作者，他們也有著類似的情況，且多數還振振有詞：「沒辦法啊，沒到截止時間我沒有靈感啊！」

2. 過於完美主義。

從去年開始，我的朋友袁姐一直期望做一場線下演講，但直到今天，她都沒真正去做，因為她始終擔心：「萬一我緊張怎麼辦？」、「萬一沒幾個人來怎麼辦？」、「萬一大家聽了不感興趣冷場怎麼辦？」、「萬一……。」

無數個萬一的背後，是她持續在給自己做一個心理暗示，如果沒有百分百把握，如果不夠完美，就寧可不要開始。可這世上，哪來百分百的完美？保持這樣的想法，只會有一個結果，就是你永遠不會開始，因為永遠都沒法真正準備好。

3. 任務難度過高。

很多時候我們遲遲不開始，不見得是不想做，而是任務本身難度過大，遠超出了我們當前的能力範圍，或者需要消耗大量的時間精力成本，最終導致難以入手。

去年我們就曾遇到這樣的事，商務談判階段，客戶一再變更需求，一次比一次複雜，綜合考慮人工和預算，我們只能一再往後擱置，最終不了了之。

4. 任務缺乏足夠吸引力。

說好每天鍛鍊、讀書，但堅持一段時間後就懈怠了。因為似乎不做，短期內也沒什麼影響。花時間做某件事，付出與收益貌似不成正比。

總有更有意思的事情在不斷分散我的注意力。

以上範例皆可歸納為任務本身缺乏吸引力。越沒吸引力越會懈怠，也越容易拖延。

如何逃出拖延症，三個辦法供你參考

明白了拖延症產生的根因，如何改善？我想提供三個辦法給你參考。

1. 即刻開始。

管理學家彼得・杜拉克曾提出「OEC管理法」，即英文Over-all Every Control and Clear的縮寫，最接地氣的翻譯是「今日事，今日畢」。我們要充分明白的是，一件事完全沒有開始和開始了沒做完或者沒做好相比，心理上是完全不同的。

前者會讓我們心安理得的不斷謀劃、權衡、做準備；而後者會迫使我們盡可能想辦法去解決這種懸而未決的狀態。因為既然已經付出，心理上就會產生沉沒成本，不往下做，彷彿就虧了。所以，別想那麼多，即刻開始，先去做再去琢磨如何完美。

2. 合理拆解目標。

「我要練出八塊腹肌！」對一個胖子來說，這個目標聽起來實在太不可行了。練兩天沒效果，你理所當然會選擇放棄。但練出腹肌這個宏偉目標，如果拆解成以下一系列小目標，似乎看起來就不那麼難。

第一週鍛鍊三次，每次完成跑步一公里＋單次伏地挺身十個做三組；第二週鍛鍊四次，每次完成跑步兩公里＋單次深蹲二十個做四組；第三週鍛鍊五次，每次完成跑步三公里＋器械訓練二十分鐘。

每一個大目標，一定都可以細化拆解成無數個可量化的小目標，而每當順利達成一個小目標，一定會讓你的動力顯著提升，迫不及待去挑戰下一個大一點的目標。

3. 建立預期反饋。

很多時候，我們如果能給自己建立一個預期反饋機制，或許會更有利於向前邁進。比如，你就是不想幹活，但非常喜歡某個地方，特別想去那裡旅遊。或許可以找出那個地方的美圖做成手機鎖定螢幕或電腦桌面，沒事就看兩眼，然後給自己一個心理預期：好好賺錢，今年就去。

以此為目標，你再督促自己去幹活、學習時，或許就不會那麼拖延和痛苦。正因生活不易，我們才要學會時不時給自己一點甜頭，這樣才會持續有盼頭。

知乎上曾有一個熱門問題：「你聽過最心酸的一句話是什麼？」點讚最多的一條答案只有四個字：「我本可以。」我本可以，為什麼沒能可以？

《西遊記》裡，每次妖怪們抓到唐僧，最終都得而復失。因為這些無腦妖怪們，每次都是這種話：「把這大胖和尚先綁好，待明日拿他下酒！」待什麼明日？拖延什麼？不知道夜長夢多嗎？記好了，想吃唐僧肉，請立刻開始。擺脫拖延症，你一定可以做到。

08 每晚十一點前睡，是我做過最自律的事

之前網路上有過一個熱議話題：「說完晚安你睡了嗎？」朋友小秋苦笑著說：「一講到自律，就是什麼堅持健身，每天要讀多少頁書之類。但在我眼裡，最自律的事明明只有一件事，就是每晚十一點前按時睡覺，可惜我就是做不到。」

中國《二〇一九國民健康洞察報告》指出，七五%的八年級生晚上十一點才入睡。中國睡眠研究會在二〇一七年發布《二〇一七中國青年睡眠現狀報告》，六成以上的受訪者無法有規律的作息，而是東翻西看拖延入睡的時間，遲遲不肯送走這一天（按：根據臺灣衛福部國民健康署，於二〇一九年公布的二〇一七年「高中、高職、五專學生健康行為調查報告」指出，樣本數四千一百四十七位受訪學生，在過去七天內，曾經超過十二點還沒上床睡覺的佔全體的七八．九%）。

年輕人並非不懂得熬夜的危害，但他們寧可奉行「貼最貴的面膜，熬最久的夜」式的朋克養生，也不願輕易聽從自然規律的召喚。正如一名網友所說：「晚安的意思就是我今天打烊了，只是不對外營業而已跟睡不睡沒關係。」看起來很簡單的一件事，為什麼就是做不

到？四大原因，讓我們堅持熬夜。

1.不得不。

當年我在華為工作時，通常每天晚上七點都會被要求開例會。短則兩、三個小時，十點前結束；長則直接到凌晨。而且在會上落實的AP（行動要點），一般要求在隔日上午前就要反饋結果。這就意味著，你回到家後還得再工作一段時間，才能確保完成任務。

華為並非特例，IT互聯網圈裡，這樣的公司比比皆是。這也是前陣子九九六（按：九九六工作制，從早上九點工作到晚上九點，一週工作六天）刷屏，讓人大呼扎心的原因。不是我們不想睡，是工作和苛刻的大環境，讓熬夜成了不得不為的常態。

2.捨不得。

弗洛伊德曾說：「我們本不願入世，因而和人世的關係，只好有時隔斷才可忍受。」這句百年以前的名言，如今成了我們拒絕入睡的生動寫照。白天的日常生活太過紛擾，單位主管的奪命連環call，與同事、客戶的專業化社交，家庭的各種羈絆等。哪怕偶爾獨處，手機不時響動也在不斷提醒你，你始終處在「被需要」之中，負擔著某種不可推卸的責任。

唯有夜深人靜，才是真正專屬自己的時間。這時候，你讓我怎麼捨得就此睡去？作者羅廣彥在文章〈晚安之後，年輕人為什麼不願睡覺〉中寫道：

道完「晚安」之後的獨處，並非對身體毫無意義的自戕，而是對忙碌生活節奏最溫柔的抵抗。

根源上，這是對白天被奪走時間的報復式索取。

3. 迷茫。

知乎上曾有一個提問：「為什麼喜歡熬夜？」其中一條高點讚數的回答是：「沒有勇氣結束今天，同樣，沒有勇氣開始明天。」扎心言論的背後是滿滿對當下及未來的迷茫。現實生活中，我也經常看到諸如此類的問題。

月薪五千元，朝九晚五，這樣的生活到底有什麼意義？對身陷這種處境的人來說，今天和明天沒有區別，過一天和過一年也沒有區別。所以，刷劇、刷抖音、刷朋友圈，想方設法延後入睡，本質上是因為迷茫而不自覺轉移焦慮的行為。

4. 懺悔。

很多文字工作者習慣於夜晚寫作，他們的邏輯是晚上更有靈感，效率更高。但事實很有可能是白天你不夠專注，浪費了太多時間做無意義的事情。

助理小柳說，她就曾因為和讀者在評論區版聊天、在社群裡灌水、一整天東逛西逛網頁，而導致白天效率奇低，最終，只得靠熬夜突襲來彌補過失，表達懺悔。

你熬的不是夜，是命

前段時間，退役熬夜員一詞突然在網路上爆紅。顧名思義是指那些因身體或心態原因，退出熬夜項目的昔日選手們。到點就睏，想熬夜但身體不允許，猝死感越來越明顯。第二天的乏累讓你明白，早睡才是你的歸宿也是你今後唯一的選擇。

朋友老易是一家創業公司老闆，典型的工作狂，他經常掛在嘴邊的話是：「本來起步就晚，還好意思睡覺？那還創什麼業？直接關門大吉得了！」最初，他對員工奉行嚴格的九九六工作制度，即便辭職率居高不下也一力堅持；而對他自己及兩個聯合創始人，則幾乎是〇〇七（〇點對〇點，全週無休，隨時在崗）。

這種鐵血政策，的確令他的公司兩年內利潤就翻了五倍，但三個月前一場毫無徵兆的突發性心肌梗塞，幾乎要了他的命。老易說，「在鬼門關遊走了一圈後，算是真正想明白了，為什麼員工們這麼反感九九六制度。健康是基石。沒有什麼工作值得熬夜拿命去換的。他不值得，員工更不值得」。

之後，他開始著手進行制度改革，不再強制要求九九六，而是效仿英特爾（intel），代之以OKR（目標與關鍵成果管理法）。一段時間後，老易公司的整體效率較之前有了提升，辭職率也比先前低了很多。

無論是為工作、為娛樂或是填補空虛，熬夜這件事都得不償失。任何事情，都早已在暗中標好價碼，你今天的透支，明天一定會加倍奉還。

要記住你熬的不是夜，是你的命！

史丹佛大學教授凱利・麥高尼格（Kelly McGonigal）在其書《輕鬆駕馭壓力》（*The upside of stress*）中揭示了一個科學研究成果：如果一個人睡眠充足，會讓大腦的前額皮質補充到足夠多的能量。而前額皮質最大的作用，是意志力的管理。這個區域能量越充足，就越能幫助你更好的自律。

這就構成了一個相輔相成的正向循環。我們努力約束自己不熬夜；不熬夜這件事又反過來影響前額皮質，讓我們進一步提升自律性。這個理論，我在自己身上得到了驗證。自從嚴格規定自己每晚必須十二點前入睡以來，我開始更進一步嚴格執行白天的作息。

每天讀書一小時，鍛鍊一小時，寫文三千字，這些事完成後，我發現空出的時間甚至比先前還要多，因而完全心有餘力去做更多的事情，意外解鎖了不少技能。

按時睡覺促進自律，自律又能帶來更為積極的心態。它令我們精力充沛，高效工作，每天都在迎接更好的自己。

萬通董事長馮侖曾說：「**偉大不是管理別人，而是管理自己。**」再玩命，身體也是本錢，自律這事的終極意義是保持健康，善待自己。

所以，道過晚安後，要守點信用，該睡就睡。按時入眠是一件最自律又無比美好的事情，試試吧。

第四章 這個世界不會等你，有種努力叫靠自己

幸運的反面並非厄運，我們大多數人都處在幸與不幸間，生活平淡。靠樂透一夜暴富的人之所以成為大新聞，就是因為暴富只是機率小的事件。

01 辛勤工作多年，辭職時老闆連頭都不抬

我的朋友老余最近剛從原公司辭職，他向我吐槽前老闆沒有人情味。「好歹我在公司也待了七年，踏踏實實的也做過不少貢獻，沒想到辭職走人時，老闆都不挽留一下，甚至連頭都沒抬過！哪怕只是裝裝樣子。

「你說，這樣的老闆是不是太沒人情味了，根本不值得跟隨他？幸虧我明智，決定不跟他玩了。」

這話聽得我有些彆扭，我問：「老余，你踏實工作七年，每月有沒有被苛扣薪資待遇？」他說：「這倒沒有。」我：「如果老闆確實開口留你，甚至許諾漲薪水，你留不留？」他：「肯定不留啊。辭職是早就想好的事，我就想換個環境，加薪水也不留！」

我攤攤手：「那你究竟在不爽什麼？」老余想了想，也笑了：「也是，我情感上覺得有點無法接受，但仔細想想，老闆似乎也沒什麼錯。」

創業以來，我也陸續經歷過十幾個員工辭職。一開始，我總還是象徵性的做些挽留，但我逐漸發現這確實不過只是一句客套話而已。鐵了心離職的員工根本不在意，而作為老闆，

你或許也並不真正想留他們。既然如此，說出口的意義又何在？

更重要的是，無論是作為老闆還是離職員工，若過於在意這些小細節，反倒是不專業的體現。

側重感情而忽略契約，是不專業的體現

我們先來整理一下，員工和老闆之間到底是什麼關係。要說清楚這個關係，首先要知道公司是個什麼樣的存在。基於百度百科定義，公司是以盈利為目的的企業法人，它是適應市場經濟社會化大生產的需要，而形成的一種企業組織形式。

定義非常清楚，公司是以盈利為目的而設立的機構，員工和公司以利益為連接點。前者付出勞動，後者購買勞動，雙方因此形成價值交換，這叫做契約。若雙方都覺得值得，這層關係自然能延續，但若有一方覺得不值，自然宣告終止。

老余在前公司工作七年，踏踏實實、盡忠職守，公司按月支付薪酬作為回報。雙方都確實恪守了契約精神，兩者互不相欠，非常公平；相反的，如果老余找到更好的去處提出要離開，老闆卻以公司培養你多年來脅迫甚至橫加阻攔，這叫道德綁架。

又或者如開篇老余所說，非要老闆表達一下挽留之情，哪怕是裝裝樣子才能獲得心理平衡，這叫不知所謂。仔細想想我們就能明白一個道理，職場中，越側重談感情越不專業。

如果一個老闆只會天天給你畫餅許諾，拍著你的肩膀說一定要相信他，儘管現在困難點，將來飛黃騰達了保你吃香又喝辣。背後意思是什麼？我們關係這麼好，請你暫時忍受現在的低薪，繼續為公司無私奉獻吧。

你做何感想？如果一個任務安排下來，員工總是打感情牌，依仗自己跟主管更為親近的關係拈輕怕重，作為管理者又會怎麼想？工作又該如何有序推進？重感情、人性化管理不是壞事，但人情社會下，能嚴格履行契約精神的員工和企業才更顯得難能可貴。

電影《投名狀》裡有個情節，經過數天艱苦作戰，主角方的軍隊包圍了敵軍。劉德華扮演的二哥承諾敵軍只要繳械投降，便留他們活口。對方投降後，李連杰扮演的大哥卻立刻下令，射殺所有敵軍，一個不留。

面對劉德華的憤怒質疑，李連杰說：「糧食只夠我們自己人吃三天，為什麼要分給敵人？他們叛變怎麼辦？我不可能冒這種風險。」

當年看這部電影時，我還是個新員工，覺得李連杰實在冷血又不近人情；但現在站在管理者角度，我認為他的做法無可厚非。對外人寬宏大量不是仁慈，這會令部屬寒心。

幾年前，我還在華為上班，第一次提出離職。我當時的主管找我私聊，希望我能多待幾個月，九月以後再走。這份挽留的背後與感情和認可無關，實則是考慮兩個利益。

第一，目前暫無合適接替人選，為了專案穩定和客戶滿意度，希望我能再支撐一段時間。第二，下半年才會啟動全年績效考核，主管希望我能為部門背一個打C的指標。

華為績效考核分為A、B+、B、C四檔，C是最差。若連續兩年被打C，會被直接清退，按照末位淘汰機制，大部分部門每年都會被硬性攤派打C的指標。對管理者而言，C究竟打到誰頭上，始終是一件極度糾結的事情。

我當時是裸辭，時間上並不著急也沒想過要再回來。權衡之下，我答應了主管的要求，確實撐到當年九月，最後帶著一個C離開了公司。我沒有不平衡也不怨我的主管。事實上，如果我是他也一定會這樣做。

一個成熟的管理者，目光一定始終聚焦自己人。只對自己人好，才能保持凝聚力和戰鬥力，確保無論誰走了，公司仍能繼續高效、平穩運行。

聰明的職場人士，離職時一定不做單次博弈

儘管離職時並不需要介意老闆是否願意挽留，這並不意味著我們就可以肆無忌憚，不管不顧。工作不是一筆買賣，站在自我發展的角度，我提倡在我們離職時，一定要有多次博弈的意識。這不為公司不為老闆，純粹是為了你自己。如何做到？我分享三點建議。

1. 妥善交接。

決定離職後，按照公司規章提前告知，妥善與繼任者完成工作交接，這是最基本的契約

精神和職業道德。我曾見過很多人對此嗤之以鼻：「你說得容易，老闆連薪水都不發，妥善交接個鬼，哥當然拍屁股就走！」

網路上也曾有不少類似案例，IT公司裡，老闆辱罵程式設計師部屬，後者一氣之下刪了公司資料庫，直接造成了數百萬損失。

這些人抱持的態度，簡言之叫做你不仁、我不義。類似這樣的觀點，就是純粹的單次博弈，過於短視和意氣用事。且不說因此可能承擔的法律責任，一旦在業內傳開，哪家公司敢要這樣的人？這是不是在自斷後路？

足夠聰明的職場人都懂得，妥善交接，不過是為了維護自己的口碑而已。

2. 走心道別。

離職時老闆不搭理你，你也就悄無聲息走人？並非不可以，但這樣不大方，不聰明，也不走心。我在前公司時，幾乎每一個員工離開，都會主動發一封題為「My last day」（我的最後一天）的郵件。

郵件通常發給公司全部相熟同事，抄送給所有管理層，內容多半是自己在公司曾經做過的專案、最亮眼的時刻，及特別感謝的人等。在我看來，這不是形式主義，是最後一波圈粉和立人設的機會。想想看，當你的前老闆收到這樣一封郵件，你的新公司若打電話來詢問你的基本情況，他對你的溢美之詞會不會再多一些？

3. 不出惡言。

很多時候我們不夠走運，確實碰到了特別渣的公司和老闆。不幸遇上，盡快離開是正途，實在充滿正義感，你也可以在網路上曝光它，避免更多人入坑。但當場無下限的揭短謾罵、逢人便說，只是情商低的體現。

尤其在新單位面試時，當對方問及為何離開原公司，如果你只是不斷吐槽前老闆、前同事和惡劣的工作環境，相信我，沒有人會要你。即便你說的都是事實，從面試官的角度來看，只會覺得你過於情緒化、只會找外因而從不知反省自己，而這樣的人，不會是面試官的理想人選。

經常聽到一句話，**一家公司成熟的標誌是任何人走了都照樣能轉**。事實上，放到個體身上也是同理。一個成熟的職場人士，一定懂得愛惜羽毛，不受情緒左右，時時刻刻把自己當作一個品牌去打造。擺脫打工者思維，具備品牌意識，這樣的人才會無論到了哪裡，都一樣能轉。

02

你想要的自由，是一件門檻很高的事

昨晚家庭聚會，聽到小姨和小表弟的對話：「人家十六歲就大學畢業了，你快十八歲了，馬上就要高考還天天只知道玩遊戲。」表弟：「人家很幸運，一出生就是天才，妳能不能不要總拿神童的標準來要求我？」

青春叛逆期的小伙子跟更年期的小姨，一言不合就撞起了火花。我跟家人拉開他們兩人，認真想了想表弟的話，覺得有必要跟他聊聊天。

小姨跟表弟說的十六歲畢業生，是最近爆火的美國堪薩斯州少年莫拉爾（Braxton Moral）。十六歲在美國國內也就是國中畢業的年紀，這位天才少年卻實現高中、哈佛大學同時畢業的人生顛峰。

因擁有超高智商，專家建議莫拉爾早點學習。於是他聽取了這個建議，十一歲主動參加了哈佛線上課程學習。但是，高智商學習真這麼省事嗎？高中與大學同修，除了仰仗天生好用的腦子，難道不需要自律加持、時間管理等操作層面的助攻？莫拉爾說，超強大腦的他原本可以跳級，但硬是選擇了一邊上高中，一邊每天抽出三個小時學習哈佛課程。

那些看起來輕而易舉的成就，背後其實藏著內發的改變動力。智力超群是天生的稟賦，但想要發揮這種優勢，必須主動汲取知識。說白了，就算給一副好腦子也拯救不了邁不開步子的懶癌患者。

中國也有一個叫方仲永的幸運天才。不曾識字時，他五歲就能寫詩，驚呆了的老爸從此拉著這個神童炫技賺錢，但好景不長，仲永的詩才到十二、三歲就用光了。坐等人生顛峰，毫無作為，神童也會才思枯竭，泯然眾人。

日本著名的實業家稻盛和夫說，做人要努力。但能真正明白努力深層涵義的人卻不多。人的價值取決於每個人的認真程度。你想要的自由，是一件門檻很高的事。

有一種努力叫靠自己

朋友大陳畢業後便在三、四線城市的一家國企工作，三年後深感未來看不到希望，大陳毅然辭職，去了民航。

在航空公司期間，大陳完成了婚姻大事，過上了搭航班出省過週末的開掛人生。不久前，聽她說通過了某高中訊息技術老師招聘考試，打算辭去民航的工作，選擇離家近的學校執教，方便照顧家人及孩子。

大陳的小半生令她之前就職的國企同事羨慕不已，同事越發頻繁的抱怨公司，消極對待工作，吐槽公司成了每天茶餘飯後的話題。但，幾年來抱怨的人群中，沒有一個離職。大陳一次次如願以償並非幸運，而是她私下為每一次改變都做足準備。

第一次跳槽，有了原公司三年磨礪，專業能力與剛入職時相比又是另一個層次；第二次跳槽，她的理論知識早在幾年的工作中鞏固加深，並利用瑣碎時間複習，考試一舉通關。

極度認真的人，才有選擇的自由，求仁得仁。就像電影《阿拉斯加之死》（*Into the Wild*）中說的：「有些人會問，為什麼現在行動？為什麼不等等呢？答案很簡單，**這個世界不會等你。**」

好運氣只有自己去爭取和創造，等不來也求不來。比起抱怨和不滿，行動力才是與目標關係最親近的隊友。這個世界，有一種努力叫靠自己，而不是靠幸運。

一場T臺走秀，使最帥大爺王德順成了最火勵志君。他二十四歲演話劇，四十四歲開始學英語，四十九歲創造了造型啞劇，沒有積蓄的他從零開始了老年北漂生活。五十歲開始健身，五十七歲以自創的活雕塑藝術形式走上舞臺，七十歲練出腹肌，七十九歲走上T臺。

對於這些閃爍著光芒的人，六十年是許多人的一生。哪有什麼世界大咖，不過是有著跑馬拉松一樣的忍耐和堅持。王德順的六十年，寫滿的都是從不放棄的堅韌。

就拿健身來說，年輕人想要練出健美身型就已經不容易。知乎上網友提問如何有系統的練出腹肌、要多長時間？怎麼練？一位專業健身機構的公眾帳號寫了兩千多字的回答。總結了一下，大概就是每天膳食搭配、有氧運動若干組、無氧運動若干組等，付出足夠的堅持、時間和耐心。

朋友圈裡的健身達人不少，堅持到最後的卻不多，剛開始還跑步打卡到後來默默隱匿了。身邊有個同事是馬拉松狂人，無論名次如何，每場能去的馬拉松比賽他都從未缺席。因為馬拉松，負責公司綜合內勤的他被大家熟知，陽光與堅持贏來了更廣闊的職場空間。

三分鐘熱度簡單，但能不能堅持就難說。嘴裡喊著減肥，腦子裡早備好了吃飽了再減的藉口。多數人去大學圖書館的自習模式是，打開書然後就是玩手機、刷微博、看直播。

說好的早睡早起，每晚還是熬到凌晨兩、三點。想要生活有那麼點不一樣，想要擁抱自由，光想是想不來的。

打雞血（形容人興奮）有時候只是間歇性的自我感動，三分鐘熱度一過，繼續回到昏昏然的原形。那些閃光的生命旅程，第一步靠走，剩下的就是繼續走，不停歇。

人生高光，唯有靠親力親為

宮崎駿的成長電影《神隱少女》中，片頭跟隨爸媽搬到鄉下的千尋還只是個孩子氣的小學生。隨著爸媽涉險，好友被困，千尋開始從學生切換到湯婆婆的佣工，畢竟生存下去才有救回爸媽的希望。最後的她遠渡重洋找回了被困的白龍，破了湯婆婆的法術救回爸媽。

千尋經歷這番奇遇後，已然不再是撒氣嬌慣的小孩。電影以此傳達了被生活困境推著向前的成長，在所有的成長歷程中，除了一往無前也需要自我的不斷刷新。刷新自我，需要學習力。就像遊戲裡的人物，技能裝備都齊全才能升級打怪。

我認識的一個作者，剛開始只見她在創作平臺定期更新文章，偶爾有上千的點擊量。最近在一次線下活動中，我看到她的演講才知道，她已經開了自己的讀書群還聚集了大批粉絲，簽約出版社，彷彿人生開掛。

後來在她的分享中才得知，所有的高光時刻背後都是持續的技能刷新贏來的，她花了一年時間去旅行，堅持寫作，熱心公益。哪有什麼錦鯉護佑，不過是敢於開始，恆於堅持，強於學習更新。幸運的反面並非厄運，我們大多數人都處在幸與不幸中間，生活平淡。

靠彩券一夜暴富的人之所以成為大新聞，就是因為爆富只是小機率的事件。更多的人生高光，只有靠親力親為、實實在在的行動，以及持續的付出與學習的心態。每一條人生路都不易走，社會競爭日益激烈，唯有極度認真才能找到立足之處，也唯有一直努力，你想要的自由才能輕鬆得到。

03 為什麼不務正業的人，正在備受青睞？

前段時間，雷軍回應輸了十億賭約，並上了熱搜。雷軍與董明珠在二〇一三年對賭，五年來雙方多次隔空放話。（二〇一八年為賭約期限）二〇一八年小米發布業績，以兩百多億的差距輸掉賭約。雷軍笑稱，自己還未正式收到格力的財務報告，但董明珠已找他了。

話語風輕雲淡，正如網友在評論中所言，其實，這兩家優秀的中國國產企業，都沒有輸。縱觀小米的發展歷程，我們能看到這家商界新秀的巨大潛力，除了最開始的小眾發燒手機，小米源源不絕的發布了眾多讓人眼睛為之一亮的科技。

像是小米互聯網音箱、智能互聯網洗衣機、B1防藍光護目眼鏡，甚至還搞起了人臉識別技術。不斷創新和涉獵其他行業，雷軍主管下的公司看上去太不務正業了！可這也正是這家科技公司格局廣闊的體現：聚焦在自己能做到、感興趣的事上。

就像作家余秋雨在《文化苦旅》中所說：

一生都在忙碌的所謂公務和事業，很可能不是你對這個世界最主要的貢獻；請密切留意你自己覺得是不務正業，卻又很感興趣的那些小事。

社會發展越來越快，單一體系正在被重新構築，高效複利的跨界時代已來臨。雷軍事件告訴了我們一個背後真相：世界正越來越青睞「不務正業」。

不務正業是另一種極致的專業

提到不務正業，我們腦中浮現的想法可能是不敬業、不專業、不踏實。但全球最不務正業的公司「YAMAHA山葉」，可能會讓你改變想法。YAMAHA山葉的業務廣泛到讓人眼花撩亂。

一開始主營鋼琴修理，到慢慢嘗試做樂器、家具、路由器，後來做起了引擎、游泳池……最後竟搞起了生化研究？這麼不務正業的公司居然沒倒閉？是的，不僅沒倒，YAMAHA山葉旗下的摩托車更是聞名全球，還研發出了電影《頭文字D》中提到的著名的AE86發動機。

吉普汽車（JEEP）有一個廣告中說：「有人說我不務正業。在我眼裡，人生的『正業』並不只有一個！只要是你渴望的，都值得你全力以赴、去做到最好。即使玩，也要玩得專業。你會從一個玩家變成贏家，用實力讓情懷落地！」

亞馬遜（Amazon）正是如此。對於每一項業務，都力求做到最好、玩得專業。每當實現一個階段性突破，他們的員工總會自發詢問：「如果做了A，B可不可也做呢？」然後不僅僅是B，他們還做了C、D、E等。龐大的業務體系下，YAMAHA山葉人切實將每一項都做到了極致。他們的不務正業，實則是另一種極致的專業。

世界上不務正業的公司遠不只這一家。米其林餐廳（Michelin）享譽全球，但它卻是做輪胎起家的。「要想輪胎賣得好，就得讓大家接受汽車出行的方式。」米其林老闆先從汽車旅行的概念入手，收集各種吃、住、玩的訊息，出版了大受歡迎的《米其林指南》（*Michelin Guide*）。

之後，從免費轉變為收費，逐漸商業化。他以美食為主，推出米其林餐廳三星評級系統。不曾想過這個由輪胎公司建立起來的美食評判標準，竟成了美食界的行業準則！

所謂不務正業，就是在自己全心聚焦的每一塊領域裡，如稻盛和夫所說的那樣，**「愚直的、認真的、專業的、誠實的」投身進去**。

對於社會或是一個組織而言，不斷探索、不斷創新才是可持續發展的關鍵。最成功的社交產品臉書（Facebook）也開始學習微信，從堅持了十五年的廣泛大眾社交轉向私域社交。

在瞬息萬變的互聯網時代，停滯不前最為致命。跨界，有時候就意味著不斷創新。日本著名商業顧問細谷功在其書《高維度思考法》中告訴我們：「解決既有問題已不再是人類該努力的課題。」

在訊息爆炸的時代，我們應該讓思維升級，從善於解決問題的螞蟻，進化到擅長發現問題的蟋蟀。螞蟻思維，是指兩點一線搬糧，在一條走得無比熟悉的道路上，儲蓄了大量經驗，若遇困境可隨時調取經驗，快速解決問題。

蟋蟀思維卻正好相反，知識對牠們而言是擁有即用，用完即棄，棄也不可惜，因為很快就能投入新知。在現代社會，如果你是螞蟻，只會認真踏實做搬糧的活，最後的結果，很有可能是一直在其他公司後面苦苦追趕，無法創造出前所未有的、革新性的商品或服務。

換句話說，如果你跟不上時代潮流，不懂得擁抱變化、不斷創新，就會被加速淘汰。我之前公司的主管，就是個不務正業的蟋蟀。

當時他只是小組長，常規工作是帶領專案組，每次和其他部門溝通，我們往往只確認雙方需達成的目標就到此為止。可他不是，他常常會和對方溝通很久，對方的需求、工作的細節鉅細靡遺細問清楚，久而久之，很多跨部門的問題，他都能快速告訴我們答案。

同事們戲稱他是全才，之後我們整個部門被派去接觸新業務。最不務正業的他，因為早已自學掌握，於是能夠迅速適應新環境，高效交接新同事，得到了各方誇讚，很快被提拔為主管。

不務正業者往往重視橫向發展，讓領悟力變得更強。他們不斷思考、學習、實踐，拓寬自己的邊界，多維度對待工作，在職業道路上快人一步。

不務正業的人生不設限

世界理財大師博多・舍費爾（Bodo Schäfer）曾寫道：「人應該有A、B、Z三個計畫。A計畫用於常規生活；B計畫用於自我發展，即那些你有興趣和愛好去發展的事情；Z計畫用於不時之需。」

年輕的生命，不應每天就一件事，不停重複、再重複。多解鎖新技能，多嘗試可發展方向，請相信人生絕不只一種可能。

科幻作家劉慈欣，二十年前只是娘子關電廠的工程師，寫作是業餘愛好，但她持之以恆，在今天被譽為中國最偉大的科幻作家；明明可以靠寫書吃飯卻非要折騰拍電影的韓寒；唱歌紅極一時，卻在賽車界獲得了十七座冠軍獎杯的林志穎；唱跳俱佳的蔡依林，做出的翻糖蛋糕獲得大獎；喜愛文藝的老徐（徐靜蕾）寫得一手好字，拍戲間隙，創出徐靜蕾體。

即使人生已經紅紅火火也絕不止步於此，而普通人裡，靠第二計畫、第三計畫開啟人生新篇章的，比比皆是。他們透過各種管道讓自己的才華被全世界看到，不管是寫作、拍影片、做公益、教課……。

你為生活多澆灌一分，生活也會多給你一點甜頭。**不務正業的最大力量，就是能讓你隨心所欲去追求心中所想**。只要不設限自己的人生，你會看到更廣闊的天地，更明媚的春光。

04 越成熟的管理者，越注重過程管理

我的學員小宋工作剛滿一年，最近嚷嚷著想換工作。我問他為什麼，他很不爽的說：「我們主管最近發神經，經常要求匯報工作。一邊說只看結果，一邊卻又要搞這些形式主義，這不自己打臉嗎？時間和精力都花在準備匯報上了，還讓不讓人幹活了？我不想伺候主管了！」

顯然，這是一種誤讀。從工作分工看，管理者對結果負責，員工對具體工作負責。因此，好的管理者，肯定是結果導向的，這沒問題，但不代表他完全不看重過程。而且，沒有良好的過程管理，又哪來好的結果？

其實，簡單分析一下，我們就能明白為什麼成熟的管理者，必然注重過程管理。打滾職場多年，我發現那些越成熟的管理者越注重過程管理，核心原因有三。

1. 掌控欲。

舉個例子，現在有甲、乙兩名員工，他們工作能力相當，都能給出符合要求的結果。只

是在工作過程中，一個經常匯報進度，一個不問就不說。這兩種情況下，如果你是管理者，更喜歡甲還是乙？

毫無疑問，一定是甲。因為，他在工作過程中不斷主動匯報，讓你對他所做的事始終有種掌控感也能夠及時發現問題和可能的風險，進行提前規避。這種心理體驗，我們用兩個字概括，叫踏實。

甩手掌櫃式的管理者當然也有，但這一定有前提。要麼你已經多次證明過自己的能力，並有突出的業績背書，主管對你一百個放心，因此樂得省心；要麼這個管理者本就是個混日子的老油條，奉行「當一天和尚撞一天鐘」，多一事不如少一事。

如果是後者，說實在話，下級也難得有出頭之日，不如早做打算。而真正成熟的管理者，一定不會忽略過程管理，他們往往更為務實也篤信可控、可量化、可監控的過程，才可能帶來可預期的結果。

2. 安全感。

影視劇中，我們或許經常看到某老闆咬牙切齒對部屬說：「我不管你用什麼方法，三天內必須給我搞定某人或某事！」說真的，真實職場環境中，這樣講多半是壞事。

比如，為了拿到訂單，老闆如果鼓勵手下的銷售可以不擇手段，有些心思不正的，就很容易突破底線走邪路。工作有流程，做人有底限，若只片面強調結果而根本不顧過程中員工具體用的什麼方法，難免不小心就觸了紅線，澈底砸了自己和公司的口碑。越注重過程管理，才會越安全，職場之路也才能走得更平順長遠。

3. 有據可循。

有的人沒完成工作或者完成得不盡如人意，總習慣用一句「我盡力了」來替自己開脫。可所謂盡力，不是一句「沒有功勞也有苦勞」，也不是天天加班累死累活，而是你得有相對客觀的衡量標準。

比如你是個新媒體小編，主管讓你負責一個新公眾帳號，要求一個月內閱讀量達到一千，但最終你只達到三百。如果一個管理者從未介入過程，可能也無話可說，因為當他試圖挑戰你，你可能很快回應他：「您要我每週發五篇文章，我也按照規定更文了，但就是沒人看，我也沒辦法，我盡力了啊。」

但如果這個管理者並非只是浮在表面，而是在一開始就懂得從素材、選題、數據分析等多個維度建立起一整套體系，並定期進行監控就一定很容易發現小編說的話是否不真實。

注重過程的管理者，才會有據可循，能迅速判斷出部屬是否在忽悠，是否真的盡力了。

隨時可控可達的員工，會更有前途

哲學家喬治・柏克萊（George Berkeley）說過一句著名的話：「To be is to be perceived」

（存在，即被感知）。

放到客體心理學裡，這句指的是社交網路中，他人對我們行為的回應，才證明了我們所發出的信號是存在的。信號存在，我們也才存在。身在職場，若只蜷縮於自己的小區域，做一個職場透明人，堅持不發出信號，就有很大的機率不會被感知。

你工作努力但沒主動匯報，老闆無法知道，直接的影響是加薪升職沒份，最壞的可能是工作多年，一直原地打轉。存在主義心理學家羅洛・梅（Rollo May）認為，存在感是心理健康的重要標誌，存在感缺失會導致無意義感，也會帶來價值感缺失。沒有了存在感，很多人就無法建立與外界的聯繫。長此以往，易影響心理健康，陷入迷茫。

移動通信領域裡，有一個專有概念：週期性位置更新。能使用手機打電話、上網，簡單來說，是因為有基地臺接收、處理你的手機發出的信號（語音、文字、數據），並透過若干基地臺接續，最終傳遞到對方的手機。

這裡有個核心關鍵，網路得隨時知道我們的手機都在哪裡。週期性位置更新的設定，規定了手機必須在固定時間內，主動向網路告知自己的位置和狀態。即便所處位置跟之前相比，沒有變化也要定期告訴網路：我還在這裡。

如果遇到進入訊號盲區，或者重新開關機的情況，手機也須在有訊號後，第一時間進行位置更新，通報自身情況確保與網路的實時鏈接。如此，我們發起通話時，基地站才能知道，第一時間要把訊號精準傳遞到何處。

一個成熟的職場人士，同樣應該自發進行週期性位置更新。主管很忙，沒工夫每時每刻盯著你，但他們心裡其實都有桿秤。週期性更新狀態與其說是例行工作匯報，不如說是一種刷新存在感的工作態度。你在主動向主管傳遞一個訊息：我的工作可控，我隨時可達。可控可達，叫做靠譜。靠譜，是一個人在職場迅速脫穎而出的重要原因。

做好過程匯報，注意三個關鍵點

如何做好過程匯報，還不至於招老闆反感？我想分享三個關鍵點。

1. 頻度合適。

上文說到的週期性位置更新，有一個專門進行控制的計時器取值範圍從幾分鐘到數小時。數值太小，手機頻繁與基地臺聯絡會造成網路負荷過大；反之，因更新不及時，導致呼叫成功率下降。

職場的週期性刷存在感也如此。沒事就到主管面前瞎晃悠，或者一、兩個月才出現一次，都是不恰當的。具體情況具體操作，要學會找到最適宜自己與主管的頻度。以專案舉例，我通常按啟動前、執行到一半、快結束前、完結後，四個時段來做總結，並結合例行週報向主管匯報。

如果你負責的是相對簡單的任務，比如一週內即可完成，或只需你一個人做，那麼每天以郵件的形式，提交給主管一份相對正式的進度報告，是比較恰當的頻率。

2. 訊息精準。

仍以例行匯報為例，很多人發日、週報，就是套個模板，複製、貼上。馬東曾講過一個故事。他在愛奇藝時，是直接向CEO龔宇匯報。龔宇時不時會問他：「很早以前你說的那個方案，現在怎樣了？你現在的說法，跟以前不一樣啊……。」

馬東很驚訝他的記性怎麼那麼好，後來才知道，龔宇是清華大學自動控制理論及應用專業的博士，據說懂得一百六十多種電子郵件不常用的功能。他把馬東的每一次郵件匯報內容都做了自動整理和備案歸檔，便於跟進和對比。

馬東感慨說，例行匯報對老闆來說，其實是個留檔。所以，千萬別以為只是例行工作，老闆也不一定看，就可以敷衍了事。越是例行，越求訊息精準、方案切實。別什麼都刷，也別流於形式。

3. 注意場合。

何謂場合思維？在公開場合，說大家都關心的事；在私密場合，說解決自身問題的事。場合不對，一切白費，結果甚至會適得其反。

例行匯報是一件特別需要場合思維的事。你的心中要有底，什麼時候說，什麼時候不說。比方說，老闆在批評其他組的同事，就算你們組的階段性工作取得再好的成績也還是應該緩一緩，或是用郵件形式告訴老闆，這樣能避免矛盾；且老闆在氣頭上，如果不是他主動問，又何必上前，萬一不小心也惹火燒身呢？

困難、訴求最好私下說，當著整個部門人的面，張口就提，主管是解決還是不解決呢？既讓自己被充分看見，又要懂得因地制宜，才能真正做好匯報，同時獲得你想要的結果。

05 學會示弱後，我成了老闆最放心的人

週末跟幾個朋友聚會，老莫提了個問題：「你們覺得，什麼樣的老闆可以叫做好老闆？」大家眾說紛紜，有人說肯給錢，有人說能帶人成長，有人說人格魅力突出，懂得一視同仁……老莫笑著搖頭：「你們都對。以前我也這樣想，但現在我有個全新的角度，能及時察覺到你的極限並表示理解的老闆，才是值得跟的好老闆。」

老莫為人踏實，任勞任怨，一直深得老闆器重，但另一方面，他也經常被安排遠超其他同事的工作負荷，令其苦不堪言。前不久，他因壓力太大，沒控制好情緒，衝進辦公室大罵了老闆一頓。那一刻，老莫抱定辭職的心，說的話也比較難聽，沒給自己留什麼後路。

沒想到老闆聽完後很冷靜，點點頭說：「我知道了。你的任務的確重了些，我會安排其他人分擔掉一部分。」老莫有點驚愕，老闆笑笑說：「第一次聽你爆粗口，這說明確實到了你能忍受的極限。其實這樣挺好的，你如果一直不說，我就一直不知道。」

老莫的故事讓我有些感慨，因高強度工作而猝死，或者因壓力最終選擇輕生的新聞屢見不鮮。一旦發生這樣的事，企業肯定負有不可推卸的責任。只是，若換個角度看，一個老闆

心再黑也不會願意鬧出人命。

假如雙方事前能做更多溝通，企業和員工都知己知彼也許悲劇就可以避免。知道自己的極限所在，懂得適度認慫的員工，一定會工作得更安全舒心。

三大癥結，讓我們不會輕易說出極限所在

現實當中，很多人不太會輕易說出自己的極限所在。

1. 面子原因。

這通常來自盲目的攀比心理。比如有同事天天加班，工作負荷一直極高還不是生龍活虎？我可不能被他比下去，不然豈不是被其他同事和老闆小看了！這就很像去健身房鍛鍊，你看別人深蹲一百二十公斤，自己明明身材嬌小也非得去試一試，不然就覺得丟了面子。只是這類做法，很大機率是自取其辱，甚至會弄傷自己。

同事天天加班，可能他的薪水比你高三倍，做的事又正好是他擅長的，因而動力和成就感十足。又或許他特別懂得時間管理注重勞逸結合，因而能持續輸出。而你，則未必如此。正確評估自己的能力，不要讓所謂的面子蒙蔽了眼睛，是我們開始收獲成長的必經之路。

2. 現實壓力。

對大部分職場人士，尤其是中年職場人士來說，這可能是最常見也最扎心的原因。找到一份合適的工作不容易，在大城市扎根不容易，上有老下有小，更不容易。

因此，哪能輕易放棄工作，推拖不幹？隨時等著要替代你的人可多了，這的確是事實，也的確存在著只想把你往死裡用的老闆。但這不是我們持續隱忍，直至放任自己走向崩潰的理由。

拚命工作能讓我們更快升職加薪、更加備受重用，但這些都是零。沒有了最前面那個代表身體的一，一切終將毫無意義。職場壓力是社會壓力，還並不到生存壓力。除去生死，人生真的都是小事。

3. 社交習慣。

什麼是社交習慣？舉個例子，傍晚出門散步遇到個鄰居，別人跟你打招呼：「吃了嗎，沒吃到我家吃啊？」要是你非常實誠回答「沒呢」，這就有點難堪了。畢竟人家也只是隨便問問，表達最基本的社交禮儀，並非真存著想請你吃飯的念頭。

所以，出於好意和禮貌，不管吃沒吃，你的妥帖回答是：「吃過啦，謝謝啊。」很多新人初入公司會誤以為諸如「這些工作，你一個人扛得住嗎？」之類的話，是一種社交性質的關心，於是就本能回應：「沒事，這算啥。」

偏偏這就是最大的問題。在工作場合，同事或主管這樣問你，他們更關心的是你的極限在哪裡，你會不會搞砸這個任務。如果你明明已經搞不定了，卻還非要強撐，屬於沒搞清楚自己的位置。

哪根稻草會壓死駱駝，只有駱駝自己知道。前段時間，杭州小伙逆行被交警攔截後崩潰大哭的影片，上了熱搜。

他哭訴的原因，是覺得壓力太大。公司有緊急任務要加班，耽誤不得；女朋友又連聲催促，要他送鑰匙回來。情急之下，他才無奈選擇逆行，誰知被抓了。這段影片看得很多人淚目，他們彷彿看到了早已不堪重負的自己，因為一點點小事就輕易崩潰了。

就像俗話說的：「壓死駱駝的最後一根稻草。」通常我們在說這句話的時候，出於同情弱者的天性，自然都會站在駱駝的角度：牠好可憐，一直被壓迫，最終承受不住，被壓死了。可如果，你能把自己抽離出來，站在另一個更客觀的角度去考慮問題，你會發現，駱駝的主人其實真的有一點點冤。

主人讓駱駝拉一次貨，肯定是希望牠盡量多拉，所以只要駱駝的狀態看起來是不錯的，他就一定會一直往它身上放東西。他這樣做，初衷並不是為了虐待駱駝，只是出於利益最大化的考量。而駱駝一直看起來不錯就會讓他一直不知道真相，導致最後只是多加了一根稻草，駱駝就死掉了。

它到底能馱多少？到底會死在哪根稻草上？主人心裡其實沒底。在成年人的世界，我們首先要學會的是各自負責。老闆為經營業績、公司存亡、員工薪酬負責，而員工為自己的發展、健康、身心負責。

哪根稻草會壓死駱駝，只有駱駝自己知道；你的承受力到什麼程度也只有你自己清楚。為什麼老莫罵了老闆卻沒被開除，原因也正在於此。他坦白了自己的極限，這個舉動能讓老闆心裡有底，讓老闆放心。這的確是個值得跟隨的好老闆。

注意兩個信號，找到自己的極限臨界點

對一些人來說，最大的問題或許不是不想說出自己的極限，而是一直覺得「我本可以」，根本不知道所謂的極限在哪裡。

小病小痛，忍一忍就過了，成年人哪有那麼矯情？熬了通宵，第二天找時間補補就行，有什麼大不了的。正是這些不經意的無所謂，日積月累，最終構成壓垮我們的稻草。就我的個人體會，要找自己的極限臨界點很簡單，注意兩個信號即可。

1. 身體信號。

我有段時間寫稿壓力極大，寫到凌晨三、四點是常事。有一陣子，每到凌晨一點左右，我就感覺胸悶氣短，腦子也一片混沌，根本寫不下去。隨後白天也是渾渾噩噩，全身乏力，看什麼都是灰的且非常健忘。

我意識到這是個非常嚴重的問題。於是當機立斷調整為晚上十二點前必須睡，寧可第二天早一點起床寫。情況才逐漸好轉。當你的負荷已經過載，身體一定會發出信號，這個時候，就代表你已經靠近極限。別嘗試對抗，盡快調整才是最智慧的做法。

2. 情緒信號。

還是那段時間，我的情緒變得非常易怒。有時別人只是無心的一句話，都會讓我忍不住想要立刻反駁。幾次之後，我的合夥人委婉提醒：「你最近好像壓力有點大，要不要放個短假，調適一下？」

就像老莫說的，老闆為什麼第一時間知道他到了極限？因為一向溫和平順的他，竟完全變了一個人，在老闆面前爆了粗口。當我們驚覺自己的情緒突然迥異於平常時，這就是你到達或將要到達極限的明確信號。

創業十餘年的前輩杜姐曾對我說：「**我最在意的員工特質，只有三個字——放心感。**」什麼是放心感？一個是你做事靠譜，可監控、可量化、可預期；另一個則是你能隨時讓我知道，你的極限在哪裡。

真正能讓人放心的人，永遠不會把自己逼到山窮水盡的地步也當然不會讓自己的老闆，時時刻刻都處在這份擔心之中。該說就說，相互信賴。坦誠極限所在，才是一段僱傭關係裡，最好的狀態。聰明的員工，一定懂得讓老闆放心。

06 老闆重用我，卻給別人升了職

最近接到一個讀者的私信留言，特別具有代表性。

我為人老實，做事踏實，積極主動，從進公司就深得老闆信任。一有什麼事，他首先就想到我，而我也來者不拒。畢竟，不是什麼人都能受重用的。但兩週前，我們組長調到了別的職位，他卻直接提拔了小李，壓根都沒想到我！

職場上，是不是越老實的人越活該受欺負？我該不該立馬辭職？

我想了想問他：「老闆都安排你幹些什麼事？」他如數家珍：「很多啊，來了客戶幫他們沏茶、為老闆挑選送客戶的禮物、團建時策劃活動搞氣氛……。」我問：「你的本職工作是祕書？」他回：「不，我是個設計師，負責公司的平面設計。我明白你的意思，但老闆安排的事情，我也不能不做，是不是？」

我暗暗嘆了口氣。這位設計師朋友，顯然是混淆了重用和順手用的概念。真正的重用，是好鋼用在刀刃上，人盡其才，物盡其用。

身在職場，懂得分別什麼任務應該爭取，什麼任務盡量擋，是一位職場人士走向成熟的必修課。

沒做對事相比沒做，後果更糟

我在前公司時，內部經常流傳兩句話。第一句是，「Do things right.」（把事做對）。第二句是，「Do the right thing.」（做對的事）。前者側重的是能力：你能不能把一件事做好。而後者，側重的是選擇：你該不該做這件事。

就我多年的職場經驗來說，很多時候，選擇，比能力更重要。我的朋友大沈就曾陷入這樣的誤區。他是一名專案經理，負責帶領團隊執行一個難度極高的專案。專案開始前的誓師宴，大主管噴著酒氣，拍拍大沈肩膀說：「交給你，我放心，你大膽放手幹。」大沈倍受激勵，錯把主管的酒話當授權，真的大刀闊斧開始按自己想法實施。

期間，客戶多次提出各種超出工作範疇的需求，他也咬牙帶領團隊，加班加點的滿足。因事情繁雜，某一個計畫外的細節點出了問題，客戶一氣之下，直接打電話投訴給大沈的主管。主管將大沈喊回公司，劈頭就是一頓痛罵。

大沈非常委屈說：「明明是合約以外的事，自己就是幫客戶忙，怎麼反倒遭了投訴？」

主管聽大沈這樣辯解，更加生氣：「簽了一百萬的合約，你私下給客戶提供了兩百萬的服務，公司以後怎麼跟客戶簽更高端的服務？」

像大沈這樣，抱著一種不想辜負主管重用的錯覺，不斷超額付出，是典型的沒做對事。相比沒做，這樣是既出力又不討好，還損害了公司利益，降低了主管信任度，後果更糟。

漫威宇宙裡，超級英雄們經常將一句話掛在嘴邊：能力越大，責任越大。

身在職場，能者是否該多勞，這絕對是門學問。我的觀點是，這取決於多勞是否可多得。這裡說的多得，主要體現在以下三個方面：

1. 有額外獎金激勵或漲薪體現。
2. 能樹立鮮明人設及口碑。
3. 能觸及核心業務，增強個人競爭力。

以上三點，第一點顯性而直接，無須贅述。後兩點則相對隱性，短期內也體現不出來，需要多點耐心。

舉個我自己的例子。我剛畢業進第一家公司時，職位是技術工程師。我當時的主管看我比較踏實，平時的郵件、工作報告也比較有條理，就私下徵詢我意見，是否可負責每次部門開會的會議紀要整理。

表面上看，會議紀要跟我的本職工作不相關，且主管也並沒有額外給我報酬的意思，但我還是立刻欣然接受了任務。不是怕拒絕而得罪主管，而是我第一時間認識到，這件事對我來說是有意義的。

因為要記錄，迫使我不得不認真聽取每一位參與者的發言，提煉其中精華形成文字，需要補充時還會特地私下單獨虛心請教。這本身就是一次極好的學習過程，也變相加深了我和各個同事的鏈接。

長期堅持下來，在主管和同事心中，我牢固的樹立起了能寫作、會溝通、擅總結的人設。憑此，半年後，我成了新人中第一個被提拔為專案組長的人，隔年，我做了主管。

我的前輩朱哥深得主管器重，他最大的祕訣是，喜歡主動攬事。每次有新技術、新產品上線，他都是第一個舉手要求參與，哪怕加班加點，暫時沒有回報也在所不惜。久而久之，他成了部門乃至全公司最頂尖的技術專家，站在自我發展的立場看，多勞若能多得，請務必不要放棄這樣的好機會。

臨時指派的「邊緣任務」，如何界定該不該說不

當然，不可否認，很多時候我們並沒有那麼多選擇。老闆或主管硬性攤派過來的，極有可能就是那些臨時起意的邊緣任務，除了消耗精力和時間，於個人積累或發展毫無意義。這

時候，一概生硬拒絕是最沒情商的做法，那麼，應該如何職業化界定該不該接，或者想拒絕時，如何體面說No？

針對該不該接，我建議從三個維度考量。看次數：如果只是偶爾一次，接了就接了，沒必要過於斤斤計較；看複雜度：如果只是舉手之勞，而不需要消耗大量精力，可以接；看對主管的重要性：對主管個人比較重要的事，可選擇性接，這樣，能增加他對你的印象分。

若跟以上情形相反，該如何體面拒絕，我也提供三點建議：

1. 替老闆算一筆帳。

足夠聰明的老闆心裡其實有譜，絕不會安排員工幹低效能（比如打掃環境）這樣的事，但不排除確實有很多糊塗老闆，他們完全沒概念，只管一味安排。如果你能有理有據的陳述自己為公司貢獻的價值，比如你每天能為公司賺一萬元，老闆絕不會安排你幹一百元的事。

2. 延遲滿足。

每次一安排臨時事情，你總能第一時間快速響應，這未必是好事。在老闆眼中，可能有另外的解讀：你果然很閒啊。所以，更合適的方式是，適度延遲。

老闆：「小劉，你把這個事情趕快弄一下。」小劉：「好的老闆。不過我現在手上有個方案特別急，客戶說明天就要。您看我之後再做給您好嗎？」這樣說，本身代表你在做事，如果老闆真的著急，他自然會找別人。當然，如果你真的無所事事，這招不適用。

3. 主動定期匯報。

前兩點其實都是治標，最後這點，才是治本。從老闆心態出發，他之所以一有事就找你，無非兩個原因：你好用跟你看起來很閒。

而後者最重要。如果你平時就能做好精細的過程管理，定期匯報給老闆並溝通，讓他感覺你總是處在很忙很拚的狀態，那些臨時起意的事情，他真的不會把你放到首選列表裡。

知乎上曾有一個問題：「受主管重用和被主管利用有什麼區別？」最犀利的回答是：「受重用，你會感覺事半功倍，付出後提升特別快；被利用，你會感覺事倍功半，明明付出了很多，還是原地踏步。」

成熟的職場人士，除了紮實的業務能力，更該懂得甄別和選擇，朝著真正對自我發展有價值的方向去努力。能者多勞，多勞多得。

07 持續成功者，從不相信捷徑

顏值即正義的當下，經常會有人問一個問題：成功和長相，有沒有必然關係？馬雲告訴我們，沒有。前陣子，一個叫范小勤，被稱為「小馬雲」的孩子，被解僱了。事件引發了網友們的熱議。

二〇一六年初，江西兒童范小勤因一組酷似馬雲的照片走紅。經紀公司聞風而至。范父認為，孩子因長相酷似馬雲，備受追捧是天降的好事，這是一條改變全家命運的捷徑。他在經紀合約上簽了字。之後，范小勤便有了個新名字——小馬雲。

最初，小馬雲在聚光燈下，迷茫又木訥。兩年後，他開始適應新的生活，有網友爆料稱，他出門配著保鏢和美女祕書，一開口滿是社會味兒！

隨著馬雲退休，小馬雲生活富足，身子變胖，漸漸不那麼像馬雲。經紀公司發現，無法再從這個娃娃身上榨取流量，最終和他解了約。不知範父是否有過一絲悔恨？在先前的各種場合，他甚至多次提及：「只要能賺錢的事，我們就做。」

兒子天生長了一張酷似馬雲的臉，被范家人過度依賴、消費，甚至視為生命中重要的事。是他們，變相加速了小馬雲的隕落。人生如同道路，最近的捷徑通常是最壞的路。時代飛速發展，那些能持續成功的人，從不信這世上有捷徑可走。

劉德華不過氣，靠的是夠拚

這樣的事例層出不窮。彩券意外中獎，從此耽於享樂，不出幾年，生活反倒大不如前。美國國家經濟研究局調查發現，二十年來，歐美彩券頭獎的得主，在五年之內，破產率高達七五％。

二〇〇八年，普通打工仔張某大樂透中獎一千零一十三萬元。出人意料的是，他不但沒有好好安排獲獎後的生活，還將所有獎金，包括以前的存款、房車變賣後的錢，都全部拿來再次買彩券，期望能中更大獎。短短八個月，錢一分不剩。隨後，張某又分別向十五位同學、朋友騙取借款兩百三十六萬五千元。再次血本無歸後，張某潛逃，在四年後落網，被判處有期徒刑十二年，並處罰兩百四十萬元。

我有個朋友老張，生活在三線城市，因城中村拆遷獲賠兩百萬元，當即辭了工作，出國玩了一圈，回來後又沉溺於賭博。不出半年，賠款花光，欠幾十萬網貸，入了徵信黑名單。明明一手好牌，終究打得稀爛。

天降橫財，幻想從此不勞而獲，即便錦鯉附體，你此時的運氣也將不再是運氣，只是阻礙你前進的詛咒。千萬別像那寓言中的獵人，一朝遇到一隻倒霉兔子，就心心念念的守在木櫃前，從此只想靠運氣活著。偶爾撞大運，未付諸心力，不懂珍惜，最終好運一定會敗光。

《奇葩說》裡有一句話：你可以一天整成范冰冰，卻沒法一讀成林徽音。

二〇一六年，參加中國歌手選秀節目《超級女聲》前，參賽者何承熹花了八年時間，將自己整容成范冰冰，相似度幾近九九%。

然而，把整容當捷徑的她，在人們心中始終不過是一個博出位的人。她最後也並沒有如所想的那樣，大紅大紫。只是靠拍拍「網大」（**按：中國用語，網路大電影的簡稱。指時間長度超過六十分鐘，以網路為播出平臺的電影**）而活，收成有限。真正能獲得大成就的人，從來不走捷徑。

華人娛樂圈裡，劉德華一直是神一般的存在。明明生著一張無可挑剔的帥臉，卻從未停滯不前靠臉吃飯。在粉絲心中，他不僅僅是影視歌三棲巨星，還是時代精神的象徵。論演技，他可能比不過梁朝偉；論唱歌，他可能及不上張學友。

但出道三十年，他一直不曾過氣，靠的是夠拚兩字。

二〇〇六年拍電影《墨攻》，他從五層多高的城樓飛下，左腳受傷。為了不耽誤拍攝，忍到第二天拍戲結束，才告訴工作人員。之後拍《投名狀》，也因太過投入，小拇指被鐵鏈纏住，拉至骨折，他同樣強忍著拍完了戲。

拍攝《夏日福星》時，不小心從樓上摔下，經過短短兩個星期的治療，他就重回劇組，親自上場完成該組鏡頭。二〇一八年底，在第十四場演唱會上，劉德華因喉嚨發炎，唱了三首歌後，取消演出。他在現場哭著向觀眾鞠躬道歉。

人生無非就是赤腳行走，有鮮花草地也有玻璃荊棘，唯獨沒有捷徑。不篤信捷徑，始終踏實拚搏，不斷奉獻好作品給觀眾，這個五十七歲依然如此拚的帥男人，是該紅一輩子。

真正的機會來臨時，怎樣才能接得住？

哈佛大學曾有一項調查報告聲稱人平均一輩子有七次，決定人生走向的機會。兩次機會間隔約七年，大概二十五歲後開始出現。對普通人來說，該如何才能牢牢抓住改變自己命運的機會？我想和你分享三點個人思索。

1. 打造獨有的核心競爭力。

一個人能被別人記住，一定不是拾人牙慧、步人後塵，而是他的獨一無二。

周星馳早年入行，自知帥不過劉德華，演不過梁朝偉，他給自己找到的突破口和鮮明標籤是以無厘頭喜劇的形式，聚焦小人物的悲歡。最終，他成了華語影壇最知名的喜劇演員，之後更成為最具票房號召力的華語電影導演之一。

新加入一個圈子，當你清晰找到自己獨樹一幟之處，便是你立起人設，脫穎而出之時。

2. 順勢而為，借勢而起。

雷軍曾說，順勢而為。順，可以是借助一個品牌或熱點事件，見縫插針宣揚自己，不斷擴散自身影響力。最典型的例子，當屬杜蕾斯文案。二〇一九年蹭電影《復仇者聯盟三》的熱點，杜蕾斯就連發兩條微博：

上映前：不論何時開戰，我都在第一線。上映當日：放心，不透。

前段時間賓士漏油事件，杜蕾斯也立馬跟進：

他們漏，我們不漏。

這裡有兩個關鍵點：其一，你自己得有料，才可能真正借勢而起；其二，不是什麼勢都能借，一定得找到與自己調性匹配的，才能擴大正向影響。比如，杜蕾斯和喜茶的聯名宣傳，就破局了。

二〇一九年四月十九日，杜蕾斯官微發博並標註喜茶：「嗨，還記得第二次約會，我對你說你的第一口最珍貴？」此借勢之舉，引發網友極大不適，紛紛表示：「再也無法正視奶茶。」、「對奶茶有了生理性噁心。」這就叫調性不匹配，尺度沒掌握好，最終適得其反。

3. 培養複利思維，持續輸出價值。

巴菲特始終強調複利的重要性。對我們普通人而言，更需要做的是在充分理解複利的基礎上，埋頭苦幹。

比如，同樣寫一篇文章，如果你僅是發表在一個平臺就完事，而我多平臺分發，且將核心觀點提煉出來形成課程，最後還把它放進了我的書裡，那麼顯而易見，我充分運用了複利思維，得到多次產出。

複利思維，決定了我們的工作效能；持續輸出，則關乎我們的積累和口碑。兩者合在一起，才能加速成功的步伐。

作家安娜・昆德蘭（Anna Quindlen）說，生命是一個從生到死的過程，如果我們活著的目的只是為了探尋捷徑，那麼生下來就死，無疑是最快捷的路程。如果這樣，你的人生又有何意義？

成功路上，沒有任何捷徑和技巧，**自以為是的捷徑，最終都是彎路**。唯一能夠到達終點的祕訣是永不放棄，筆直向前！

08 你越會取悅自己，越能掌控人生

二〇一五年離職那天，我刻意穿了和入職當日一樣的正裝。我希望這一刻能有些儀式感。離職申請表在一個月前就提交了，工作交接在幾天前已完成。我從胸前摘下識別證，放在曾經的辦公桌上，最後看了它一眼。

照片上的我穿著格子襯衫，表情呆板嚴肅，和大部分人無甚區別。名字位於照片下方，但一眼看去能留下印象的還是由八位數字組成的員工編號。全公司和我同名的有五個人，在系統裡做任何查詢或者別人發郵件給我，輸入員工編號才是更高效準確的做法。

二三五零六七四，在這間超過十七萬人的巨無霸公司裡，我和別人唯一的不同，只有這個號碼了。好幾個熟識的同事多次好心勸我：「你真的想好了？拿著幾十萬的薪水，管著上百人的團隊，做著不算複雜的工作，還不知足？」

這個問題，我確實思索過大半年。其實不是不知足，而是另外三個字：不甘心。我是不少人眼中所謂的社會菁英，可這個標籤，現在連我自己都忍不住質疑。我能清楚看見自己三、五年後的模樣，感受日復一日褪去的激情，對每一個明天都不再抱有任何新奇的期待，

這讓我迷茫，迷茫不是菁英該有的樣子。人活一世，不過三萬天，與其討好世界，不如取悅自己。

我最後一次走出公司大門，頭頂陽光耀眼，我的心重新開始澎湃。剛入職時，主管問我對職業發展有什麼規畫？我說：「希望我所從事的工作，能讓自己不斷成長。」

我是有過這樣時刻的，精力彷彿無窮無盡，再多的挑戰也甘之如飴，在會議室給主管或客戶講方案，哪怕時間再久，我也能看到投影中自己閃閃發亮的眼睛。

但後來，除卻具體做事和精進專業技能，我更多時候在硬撐。我不愛熱鬧、不喜逢迎、不肯委曲求全，專案經理的身分卻要求我把自己塑造成截然相反的人設。我的工作，對內要管控成本與進度，疏通銷售、產品和服務等部門的溝通，使之聚焦目標精誠合作，確保結果輸出；對外要引導客戶、維護滿意度，最終確保專案順利驗收拿到回款。

最核心的能力，是連接所有可用資源為己（項目）所用，最終確保既定目標順利達成。這需要卓越的溝通、八面玲瓏的性格以及一絲不苟的嚴格執行。前兩點，對性格硬直的我來說並不容易。歷經多年歷練，才讓我做到自如偽裝，收斂天性，盡可能呈現無可挑剔的職業面孔。

二〇一二年我到M城，接替屢被內外部投訴的老專案經理老羅的工作。老羅第一時間帶我進入會議室，反手關門，第一句話是：「這間辦公室除我之外，其他人的話你最好都別信，他們都不是好人。」

隔天，辦公室裡的業務開車帶我見客戶，路上不經意對我說：「老羅是不是找你談過話？他說什麼你都別信，他不是好人。」我當時很驚詫，我不是不知道辦公室爭鬥，但沒想過有一天會落到自己頭上。

很明顯，他倆在讓我選邊站隊。按照我的性格，會主動避開這些是非，但從工作層面講：第一，我必須跟老羅順利完成交接；第二，後續專案執行，我跟這個業務還有諸多配合協作。

明確站老羅，業務那裡一定埋隱患；站業務，老羅交接時會不會給我故意留坑？我思索良久，最後沒有站隊。無論對老羅或業務，我都始終和和氣氣，不評論、不妄議，任何關鍵性的進展交互，都一定刻意留下郵件、訊息等文字紀錄，最終順利交接，業務也沒留話柄。

在多次經歷類似的事情後，我開始明白這本是正常的職場現象。我越來越嫻熟的適應與面對，以專業化的方式拆解危機，但過程中的如履薄冰根本無法道給人知。

二〇一四年的一個深夜，我被一陣急促的電話聲吵醒。話筒中傳來我主管急促而惱怒的聲音，他告訴我：「快去客戶現場，出事了。」叫車的路上，我快速弄清了狀況。客戶要我方技術負責人大劉對網路實施一個冒進方案，大劉直覺有風險，要客戶發郵件授權。客戶不肯，反以投訴為要挾，大劉最終妥協。

方案一實施，網路果然出問題，影響區域涉及當地一家權威媒體，導致對方新聞稿滯後了兩小時才發出，失了先機。媒體震怒，直接投訴客戶所在運營商的集團公司，現在集團公司追責，需立即確定事件首要責任人。

大劉涕淚交加，賭咒發誓說是客戶要他做的。客戶說：「你有什麼證據？」

我和我主管與客戶高層協商，高層看著我們笑笑說：「今年合約好像還沒簽，你們知道該怎麼辦的吧？」

我和主管單獨在會議室爭了一個小時，最後他說服了我。他說，總得有個人背鍋，大劉是直接操作者，首當其衝。這代價也是最小的。客戶還得賣咱個人情，接下來合約會好談。若依我性子，我幾乎想一把抓住客戶領口，質問他為何敢做不敢當。

可是我知道，這已是當前唯一可行的解決方案，總得有個人背鍋。我只是忘不了處罰決議宣布時，大劉望向我們那無助又憤恨的眼神，他很快遞交了辭呈，拒絕了所有人的送別。那一刻，我覺得我們和那個客戶沒有任何區別。客戶為了自保，我們為了取悅客戶，彼此都齷齪不堪。

成年人只看利弊，小孩才分愛憎與對錯。所以成長，是否注定意味著收斂天性、磨平稜角、言不由衷？我懂得，我適應，可我越來越不喜歡，這大約是我萌生退意的緣起。

如果收斂天性是成年人必經的功課，那坦然接受，選擇離開，重新釋放天性，能否稱得上是一種勇敢？有關裸辭跨界的心理建設，我給自己做了很久。放棄既得利益不是件容易的事，對我來說，這包括穩定的高薪、良好的福利、多年經營的圈子、五百強的光環及由此附加給我的聲望。而另一邊是什麼呢？是我想把業餘寫作愛好當謀生手段的妄念。這是一段完全歸零重來的全新旅程。

不只一個人勸過我：「你這想法太天真。跨行窮三年，永遠別以自己的愛好，挑戰別人的飯碗。」這話確有道理，可我仍想試試，為自己多年未曾中斷的愛好，認真買一次單。

但在第一個潛在大客戶那兒，我就遭了白眼。那是一家當地頗有名氣的珠寶公司，他們想做文案策劃與品牌宣傳。我信心滿滿找上門，聊了沒兩句對方直接說：「還是別浪費雙方時間了，我們要的，你方做不了。」

我現在回想，這家客戶還算滿客氣，至少讓我進門還請我喝了茶。畢竟當時的我一無作品二無資歷三無行業積累，自然無人待見。

灰溜溜出門時，我唯一的體會是，若想有和別人平等對話的權利，你自身得先有相應的實力。否則即便機會來了，一樣接不住。剛跨界的我，就是個三無產品，我既往的資歷無法為我提供任何背書，要獲得客戶與訂單，我得先證明自己。

現在的我沒了五百強平臺光環，但好處是我也不必再聽命於誰。我可以自主選擇客戶、平臺、工作方式，一切都可以按照自己的節奏和喜好來。這讓我突然還有些小興奮，自由的空氣撲面而來，我好像這輩子都沒對自己這樣慷慨過。

我迫不及待開始著手兩件事：第一是仔細想想先前所學到底有什麼是可以移植的，第二是迅速在新領域擴張自己的影響力。

第一件還真讓我想到了，我用專案經理的搭臺子式思維構建了一部長篇玄幻小說，二〇一七年還應邀到杭州專門做過一次線下分享；第二件事實際要更難一些，換個說法叫如何快速打造一個素人作者的個人IP。

必須要感謝自媒體時代，它的興起讓這個過程客觀上縮短了很多。付諸同樣的努力，自媒體作者崛起的速度遠快於傳統紙媒寫手。我選擇的第一個平臺是今日頭條，連續日更半年後，斬獲了千萬閱讀。

今日頭條最大的好處在於曝光量足夠大，且因為是內容推薦機制，只要內容足夠好，新作者也能獲得單篇百萬點擊。當然其劣勢也顯而易見，粉絲太雜且良莠不齊，並不利於品牌沉澱。

其後我轉戰簡書，三個月拿下故事類簽約作者，也收獲了我真正的第一波忠實粉絲，之後簽約每天讀點故事、接訂製商業故事、人物傳記、品牌策劃，漸漸主動找我的商業機會開始多了起來。

我彷彿重新看到多年前回答我主管提問時的模樣：「我希望所從事的工作，能讓自己不斷成長。」如果成長的代價包含著收斂天性，那我想，更好的成長應該是遵從內心，牢牢掌控生活的節奏。我很欣慰，我現在似乎重拾了這種成長。

裸辭跨界，帶給我最大的變化是心態。作為社會菁英，曾經在意的是別人的目光，為討好世界而活；而跨界之後，我漸漸開始學會去取悅自己。人生三萬天，不過是一段終點明確、路途未知的旅程。

菁英的道路，穩妥、平坦、一馬平川；我現在的道路，或許崎嶇、泥濘、荊棘叢生，但它也因為未知而變得有趣。

三年來，我累計讀了幾百本書，寫下了超過三萬的文字。我不斷修正著自己的方向，從最初的長篇小說、短篇小說、商業故事、寫作經驗、人物傳記到現在專注做職場分享，幫助更多人成長，不斷摸索，不斷否定，再開始新一輪的摸索。

我曾有過多個卡文到吐、連續失眠的夜晚。現在的工作讓我付出的心力，比在前公司最忙時還要多。但當我無數次問自己，這就是我愛做的事情，想過的生活嗎？每次我都會很快回答：「是。」

我帶著哺育孩子的心情，一篇篇打磨自己的作品，每一篇新作出爐，便宛如一次新生。這是一種從未有過的奇妙感覺，讓我始終迷戀不已。所以，真正的取悅自己，從來不該只停留在勇氣或想像。

行動力才是成長給的最好功課。現在，我無時無刻不在提醒自己：基礎薄弱，野路子出身，眼界狹窄……你注定要比別人多倍努力。畢竟你將來要競爭的是專業的科班選手。

聽過一句話：未來的時代，是一個彰顯個性的時代，是一個大多數人都會努力嘗試，把自己的才華當飯吃的時代。

對我來說，這時代已經到來。我願用餘生擁抱它，並以此作為取悅自己的最好方式。

國家圖書館出版品預行編目（CIP）資料

想賺更多，如何突顯你值這個價：高薪不是來自「我很會」，而是「被需要」，怎麼打敗那些學經歷比你優秀的人？我幫你。／尛公子著
-- 初版. -- 臺北市；大是文化，2021.01
224面；17×23公分. --（Think；211）
ISBN 978-986-5548-24-7（平裝）

1. 職場成功法　2. 生活指導

494.35　　109016528

Think 211

想賺更多，如何突顯你值這個價

高薪不是來自「我很會」，而是「被需要」，怎麼打敗那些學經歷比你優秀的人？我幫你。

作　　者／焱公子
責任編輯／江育瑄
校對編輯／蕭麗娟
美術編輯／張皓婷
副 主 編／馬祥芬
副總編輯／顏惠君
總 編 輯／吳依瑋
發 行 人／徐仲秋
會　　計／許鳳雪、陳嬅娟
版權經理／郝麗珍
行銷企劃／徐千晴、周以婷
業務助理／王德渝
業務專員／馬絮盈、留婉茹
業務經理／林裕安
總 經 理／陳絜吾

出 版 者／大是文化有限公司
臺北市 100 衡陽路 7 號 8 樓
編輯部電話：（02）2375-7911
購書相關資訊請洽：（02）2375-7911 分機122
24小時讀者服務傳真：（02）2375-6999
讀者服務E-mail：haom@ms28.hinet.net
郵政劃撥帳號 19983366　戶名／大是文化有限公司

法律顧問／永然聯合法律事務所
香港發行／豐達出版發行有限公司 Rich Publishing & Distribution Ltd
香港柴灣永泰道 70 號柴灣工業城第 2 期 1805 室
Unit 1805, Ph. 2, Chai Wan Ind City, 70 Wing Tai Rd, Chai Wan, Hong Kong
電話：（852）2172-6513　傳真：（852）2172-4355
E-mail：cary@subseasy.com.hk

封面設計／林雯瑛　內頁排版／思思
印　　刷／緯峰印刷股份有限公司

出版日期／2021 年 1 月初版
I S B N　978-986-5548-24-7（缺頁或裝訂錯誤的書，請寄回更換）
Printed in Taiwan
定價／新臺幣 360 元